ESO 4

Matemáticas Orientadas a las Enseñanzas Aplicadas

VOLUMEN 2

AUTORES
María Presentación García López
Pedro Ortega Pulido

TRABAJO COOPERATIVO
Pere Pujolàs

FLIPPED CLASSROOM
The Flipped Classroom SL
Raúl Santiago Campión (Coordinador)

PROYECTO PBL
Rafaela Gallardo Madueño
José Antonio Muriel Zafra

EMPRENDIMIENTO
César García-Rincón de Castro
Jerónimo García Ugarte

REVISORA TÉCNICA
Maider Goñi Urreta

El 0,7 % de la venta de este libro se destina a proyectos de desarrollo de la ONGD SED (www.sed-ongd.org).

EDELVIVES ESO

VOLUMEN 1

VOLUMEN 2

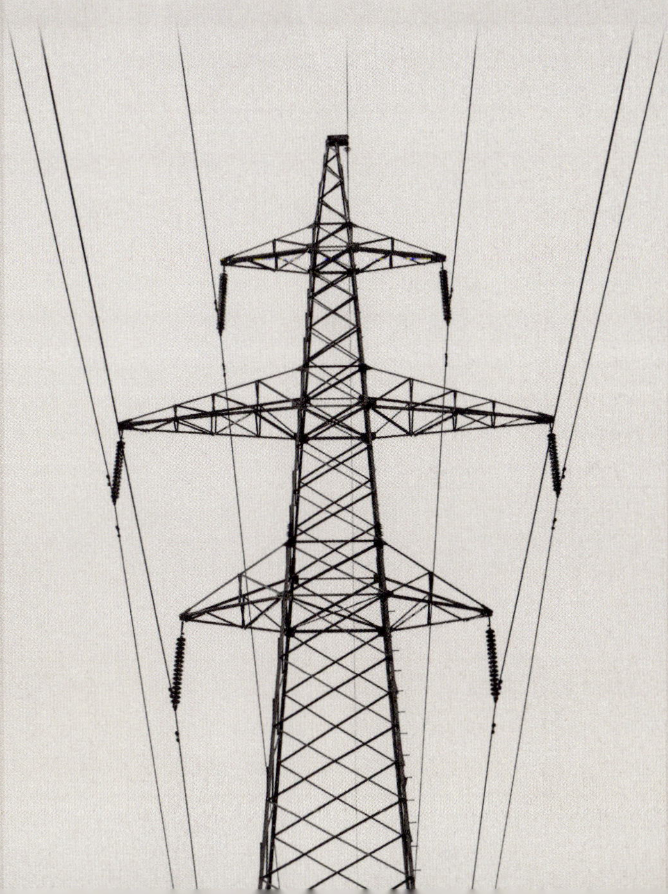

05 Características de las funciones

¿Tengo claro lo que representan las imágenes que aparecen en estas páginas?

¿Qué relación encuentras entre esta fotografía y el título de la unidad?

Debatid en clase las características de la función que se representa en la imagen.

01 Funciones

Supongamos que un jugador de fútbol golpea el balón; observa que, para cada segundo, el balón alcanza una altura determinada, expresada en metros. La relación entre el tiempo y la altura del balón en cada segundo determina una función. Por tanto:

> ✱ Se denomina **función** ***f***, a la relación entre dos variables, ***x*** e ***y***, de manera que a cada valor de la **variable independiente**, ***x***, se le asocie un **único valor** de la **variable dependiente**, ***y***, y se expresa de la forma:
>
> $$y = f(x)$$

Una función se puede representar mediante su **expresión algebraica**, con una **tabla de valores** o por una **gráfica**.

Expresión algebraica

Es una expresión que permite obtener la variable dependiente en función de la variable independiente.

El valor de la variable dependiente se consigue sustituyendo en la expresión algebraica de esa función por el valor de la variable *x*. En el ejemplo del balón:

$$y = -x \cdot (x - 4)$$

Tabla de valores

Es el conjunto de pares de valores para las variables independiente y dependiente que satisfacen la expresión algebraica.

Se dan valores a la variable *x* y se obtienen sus imágenes en esos puntos. En el ejemplo del balón:

x	0	1	2	3	4
y	0	3	4	3	0

Gráfica

Se trata de una gráfica dibujada sobre los ejes de coordenadas en la que se representan los pares de valores (*x* , *y*) que satisfacen la expresión algebraica. En el ejemplo del balón:

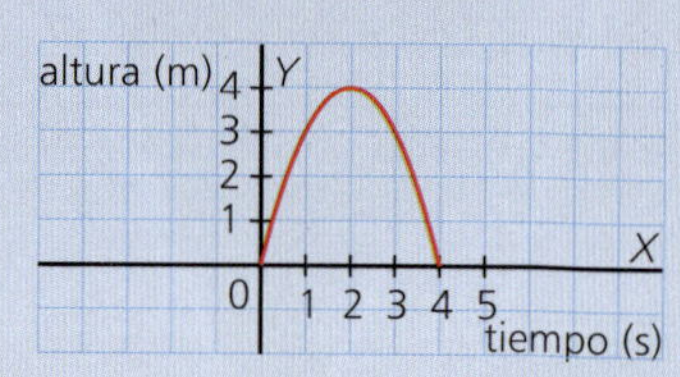

01.1 Dominio y recorrido de una función

Para obtener el dominio de una función, basta con trazar mentalmente segmentos verticales que unan cada uno de los puntos de la gráfica de la función con el eje *X*. Los puntos de los segmentos situados en el eje *X* determinan el dominio de la función.

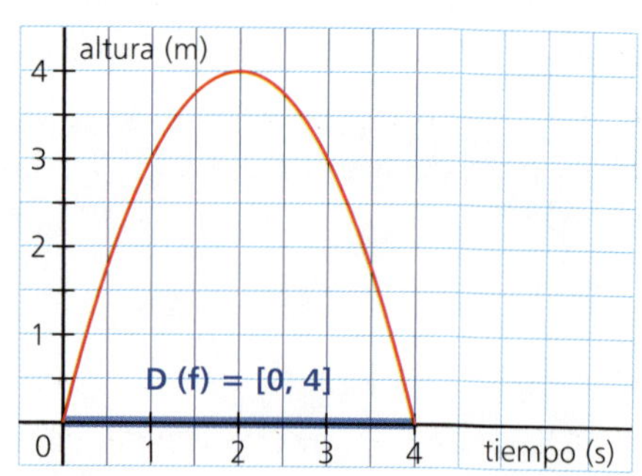

> ✱ El **dominio de una función, D (f)**, es el conjunto de valores que puede tomar la variable independiente, *x*, **para los cuales existe la función.**

De forma similar, el recorrido de una función se obtiene trazando mentalmente segmentos horizontales que unan cada uno de los puntos de la gráfica con el eje *Y*. Los puntos de los segmentos situados en el eje *Y* determinan el recorrido de la función.

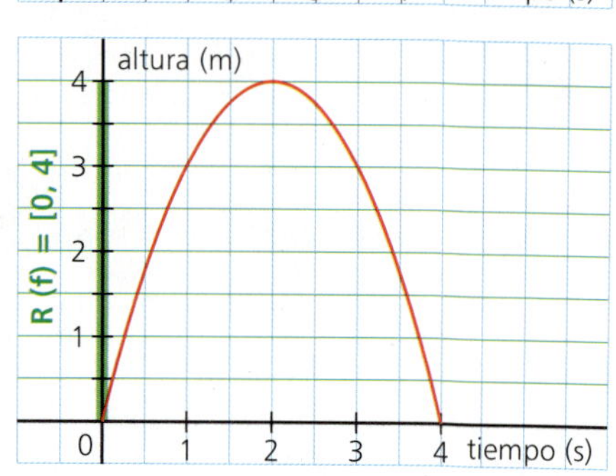

> ✱ La imagen, **I (f)**, o **recorrido de una función, R (f)**, es el conjunto de valores que puede tomar la variable dependiente, *y*, para los cuales existe la función.

ACTIVIDAD RESUELTA

Determina el dominio y recorrido de la función, f (x), correspondiente a la gráfica del margen.

Si se trazan mentalmente segmentos verticales que unan cada punto de la gráfica con el eje X se obtiene el intervalo comprendido entre $x = -5$ y $x = 1$. En la gráfica el punto (–5 , 2) se representa con un círculo; esto indica que $x = -5$ pertenece al dominio de la función. Sin embargo, el punto (1 , 2) se representa con una circunferencia; esto significa que $x = 1$ no está en el dominio. Por tanto:

$$D(f) = [-5, 1)$$

Si se trazan mentalmente segmentos horizontales que unan cada punto de la gráfica con el eje Y, se obtiene el intervalo comprendido entre $y = -2$ e $y = 2$. En la gráfica se observa que f (–2) = –2; por tanto, $y = -2$ se encuentra en el recorrido de la función. Por otro lado, f (–5) = 2, por lo que $y = 2$ también está en el recorrido de la función. De este modo:

$$R(f) = [-2, 2]$$

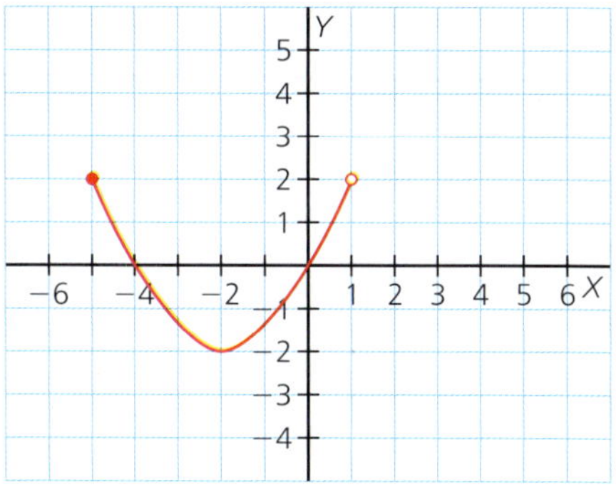

01.2 Puntos de corte con los ejes y signo de una función

Los **puntos de corte** de una función, $y = f(x)$, con el eje de abscisas, **eje *X*,** son los pares (x , y) cuya ordenada es $y = 0$; es decir, los pares del tipo (x , 0).

Los valores de x de los puntos de corte con el eje X son las posibles soluciones de la ecuación $f(x) = 0$.

El **punto de corte** de una función, $y = f(x)$, con el eje de ordenadas, **eje *Y*,** es el par (x , y) cuya abscisa es $x = 0$; es decir, un par del tipo (0 , y).

El valor de y del punto de corte con el eje Y, en caso de existir, es único y se obtiene haciendo $x = 0$ en la función; esto es, $y = f(0)$.

Una función es **positiva** en un intervalo del dominio si el valor de la ordenada en ese intervalo es positivo. Por el contrario, la función es **negativa** en un intervalo del dominio si el valor de la ordenada en ese intervalo es negativo.

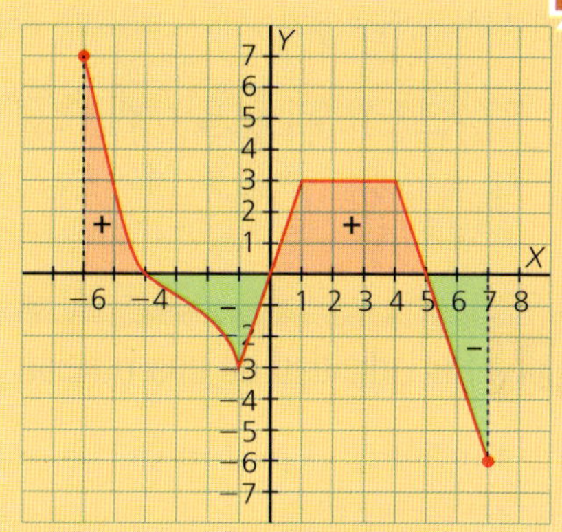

En esta función los puntos de corte de la gráfica son:

- Con el eje X: (–4 , 0), (0 , 0) y (5 , 0)
- Con el eje Y: (0 , 0)

La función es positiva en los intervalos [–6 , –4) y (0 , 5), y negativa en los intervalos (–4 , 0) y (5 , 7].

ACTIVIDAD RESUELTA

Halla los puntos de corte con los ejes de la función $f(x) = x^2 - 8x + 15$.

Con el eje *Y*: $x = 0 \Rightarrow f(0) = 0^2 - 8 \cdot 0 + 15 = 15 \Rightarrow (0, 15)$

El punto de corte con el eje Y es (0 , 15).

Con el eje *X*: $f(x) = 0 \Rightarrow x^2 - 8x + 15 = 0$

$$x = \frac{-(-8) \pm \sqrt{(-8)^2 - 4 \cdot 1 \cdot 15}}{2 \cdot 1} = \frac{8 \pm \sqrt{64 - 60}}{2} = \frac{8 \pm \sqrt{4}}{2} = \frac{8 \pm 2}{2} = \begin{cases} \frac{8+2}{2} = 5 \\ \frac{8-2}{2} = 3 \end{cases}$$

Los puntos de corte con el eje X son (5 , 0) y (3 , 0).

01.3 Simetría de una función

Una función, *f,* es **simétrica respecto del eje de ordenadas,** eje *Y,* si para cualquier punto del dominio se verifica que:

$$f(-x) = f(x)$$

Las funciones simétricas con respecto al eje de ordenadas se denominan funciones pares.

Una función, *f,* es **simétrica respecto del origen de coordenadas,** eje *X,* si para cualquier punto del dominio se verifica que:

$$f(-x) = -f(x)$$

Las funciones simétricas con respecto al origen de coordenadas se conocen como **funciones impares.**

Las funciones que no son pares ni impares se denominan **funciones asimétricas.**

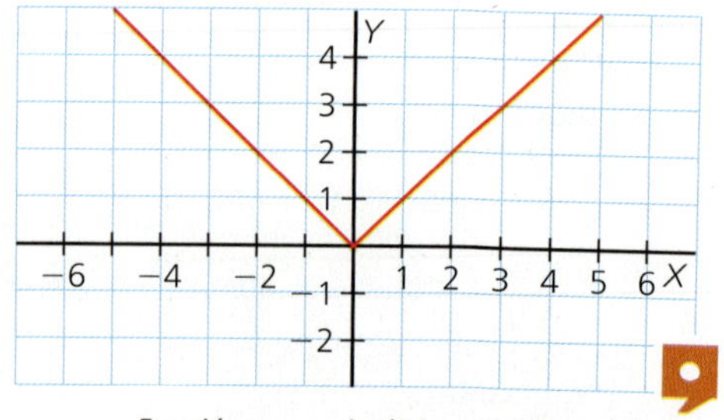

Función par o simétrica respecto del eje de ordenadas.

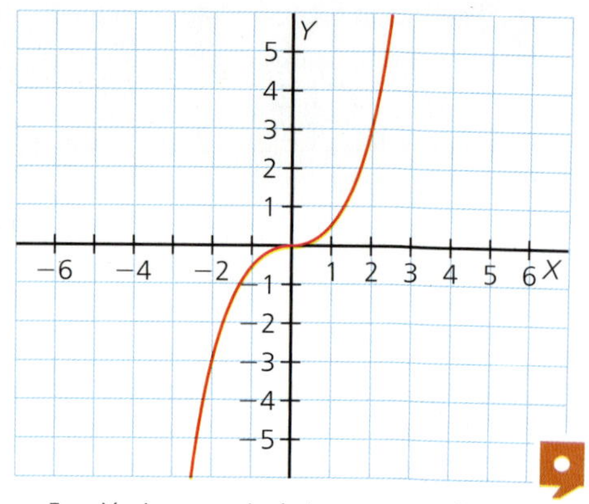

Función impar o simétrica respecto del origen de coordenadas.

ACTIVIDAD RESUELTA

Determina, sin realizar la representación gráfica, si las siguientes funciones son pares o impares:

a. $f(x) = |x|$

b. $f(x) = x^3$

a. $f(-x) = |-x| = |x| \Rightarrow f(x) = f(-x) \Rightarrow$ Es una función par.

b. $f(-x) = (-x)^3 = -x^3 \Rightarrow f(x) \neq f(-x);\ f(x) = -f(-x) \Rightarrow$ Es una función impar.

01.4 Periodicidad de una función

Una función, *f,* es **periódica con periodo *T*** si para todos los puntos del dominio se verifica que:

$$f(x) = f(x + T)$$

La función representada por la gráfica es periódica de periodo 2, ya que:

$$f(x) = f(x + 2)$$

Gráficamente, una función periódica se construye repitiendo un tramo de la gráfica que es el periodo. Por tanto, para estudiar las características de una función periódica, basta con analizar su periodo.

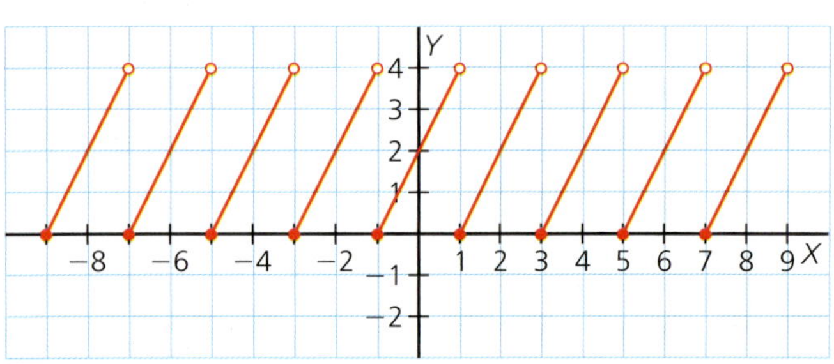

ACTIVIDADES

ACTIVIDAD RESUELTA

1 Determina si esta curva corresponde a la gráfica de una función. En caso afirmativo, halla su dominio, su recorrido, sus puntos de corte con los ejes y su signo.

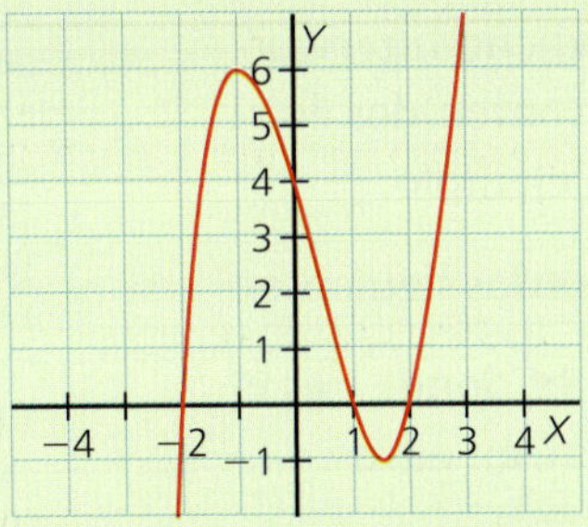

En efecto, se trata de una función, pues para cada valor de x se obtiene un único valor de y.

D (f) = $(-\infty, +\infty)$ R (f) = $(-\infty, +\infty)$

Cortes con el eje *X*: (−2 , 0), (1 , 0) y (2 , 0)

Corte con el eje *Y*: (0 , 4)

Signo negativo en $(-\infty, -2)$ y (1 , 2).

Signo positivo en (−2 , 1) y $(2, +\infty)$.

2 Determina si las siguientes curvas constituyen la gráfica de una función y, en caso afirmativo, señala cuál es su dominio, su recorrido, sus puntos de corte con los ejes y los intervalos en los que es positiva y negativa.

a.

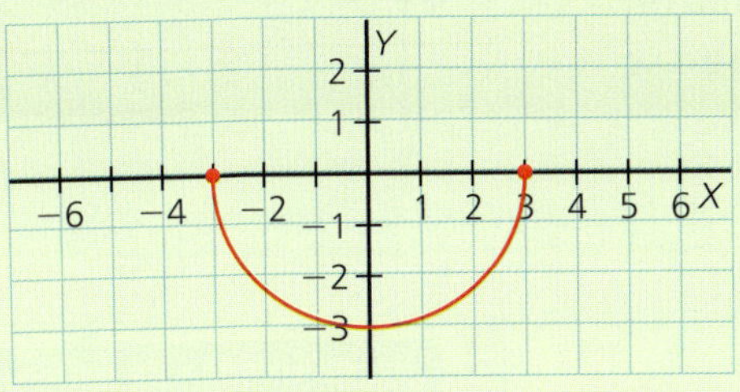

b.

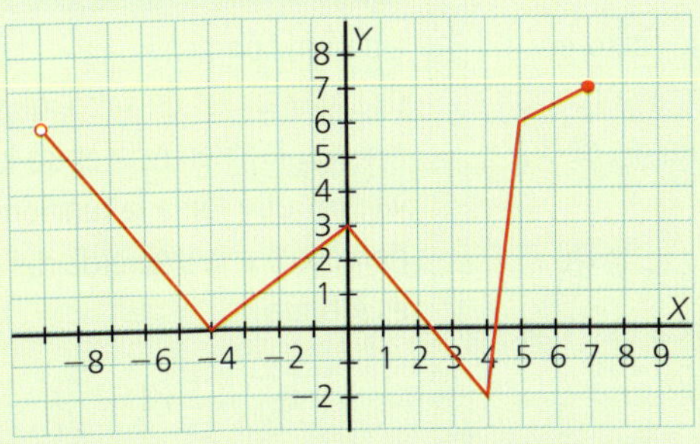

3 Dada la función $f(x) = 4x^2 - 7x$, calcula:

a. f (0) **c.** f (−1) **e.** f (−2)

b. f (1) **d.** f (2) **f.** f (3)

4 Determina si las funciones definidas en el actividad 2 tienen algún tipo de simetría.

ACTIVIDAD RESUELTA

5 Construye una tabla de valores para la función $f(x) = 3x + 5$, obtén sus puntos de corte con los ejes y dibuja su gráfica.

Se dan valores a la variable independiente, x:

Si $x = -2 \Rightarrow y = f(-2) = 3 \cdot (-2) + 5 = -6 + 5 = -1$

Si $x = -1 \Rightarrow y = f(-1) = 3 \cdot (-1) + 5 = -3 + 5 = 2$

Si $x = 0 \Rightarrow y = f(0) = 3 \cdot 0 + 5 = 5$

Si $x = 1 \Rightarrow y = f(1) = 3 \cdot 1 + 5 = 3 + 5 = 8$

Si $x = 2 \Rightarrow y = f(2) = 3 \cdot 2 + 5 = 6 + 5 = 11$

x	−2	−1	0	1	2
y	−1	2	5	8	11

Representando estos pares de valores en los ejes de coordenadas y uniéndolos, se obtiene la gráfica de la función.

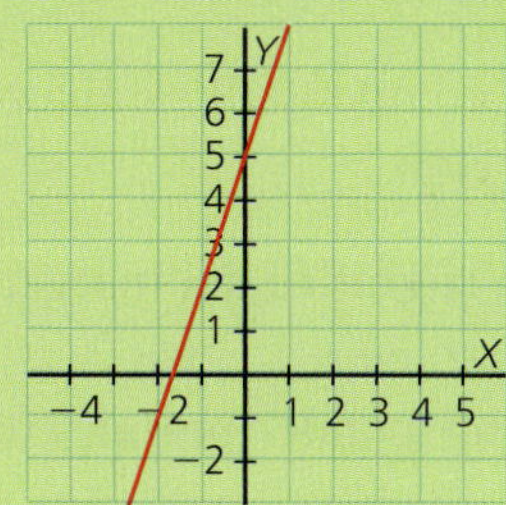

El punto de corte con el eje *Y* es: (0 , 5)

El punto de corte con el eje *X* se obtiene resolviendo:

$$3x + 5 = 0 \Rightarrow x = -\frac{5}{3} \Rightarrow \left(-\frac{5}{3}, 0\right)$$

6 Obtén los puntos de corte de $f(x) = x^2 + 2x - 15$.

7 Dibuja la gráfica de una función periódica de periodo 3 en la que D (f) = [−8 , 1].

8 Dada la función $y = -4x + 2$:

a. Determina sus puntos de corte con los ejes.

b. Represéntala gráficamente.

c. Halla el intervalo en el que la función es positiva.

9 Determina si las siguientes funciones son pares, impares o no tienen ninguna simetría:

a. $f(x) = x - 7$ **c.** $f(x) = 4x^6 + 2$

b. $f(x) = -3x$ **d.** $f(x) = -4x^3$

10 Dibuja la gráfica de una función en la que D (f) = [−3 , 3], R (f) = [−1 , 4], que corte al eje *Y* en el punto (2 , 0) y que sea simétrica respecto del eje *Y*.

02 Continuidad de una función

De forma intuitiva se puede decir que una función es continua en un intervalo si su gráfica puede trazarse sin levantar el lápiz del papel en dicho intervalo. Las funciones solo pueden ser continuas en puntos que están contenidos en el dominio de la función. A continuación, se explica esto con un ejemplo.

Las tarifas de conexión a Internet de dos compañías de telefonía son las siguientes:

- La compañía A ofrece una tarifa definida por la función $y = 8x$, donde x es el número de horas de conexión por el usuario, e y, el coste total, en euros.

  En la gráfica del margen se observa que a pequeñas variaciones de tiempo de conexión, variable x, le corresponden pequeñas variaciones en el coste, variable y; se trataría, por tanto, de una función continua.

  Una **función,** f, es **continua** en un intervalo del dominio de la función cuando a variaciones pequeñas de la variable x del intervalo le corresponden variaciones pequeñas de la variable y, es decir, cuando la función no presenta ningún salto en dicho intervalo.

- La compañía B establece cobrar 6 € por cada hora o fracción de hora de conexión.

  En la gráfica del margen, se observa que en algunos puntos de la variable x, como en $x = 1$, $x = 2$, ..., a pequeñas variaciones en el tiempo de conexión le corresponden grandes variaciones en el coste, variable y; se trataría, por tanto, de una función discontinua.

  Una **función,** f, es **discontinua** en un punto del dominio cuando presenta un salto en dicho punto. Los puntos en los que la función presenta un salto se denominan puntos de discontinuidad.

Compañía A

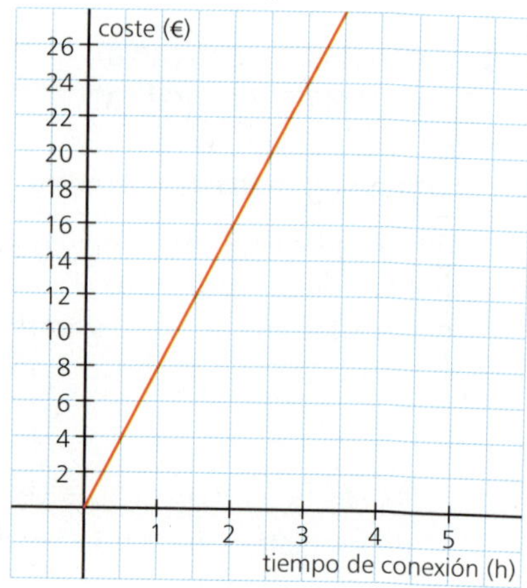

Compañía B

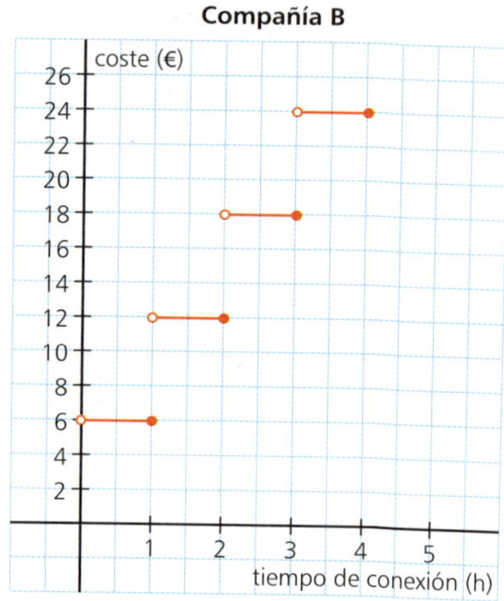

Tipos de discontinuidad

Discontinuidad evitable

Una función tiene una discontinuidad evitable en $x = a$ si la función no está definida en dicho punto.

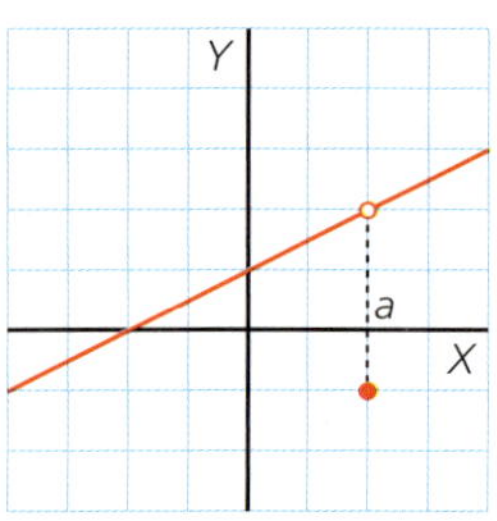

Discontinuidad de salto finito

Una función tiene una discontinuidad de salto finito en $x = a$ si la diferencia entre los valores que toma la función a la derecha y a la izquierda del punto es finita; es decir, tiene un valor de k unidades.

Si esta diferencia es positiva ($k > 0$), se dirá que es un salto de k unidades hacia arriba. Si la diferencia es $-k$ se dirá que es un salto de k unidades hacia abajo.

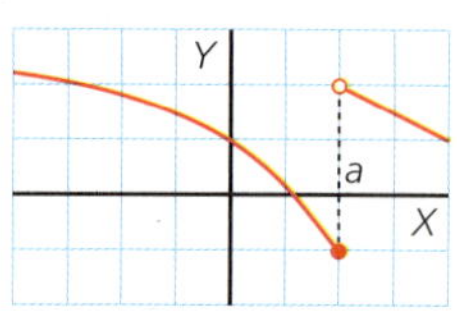

Salto de k unidades hacia arriba.

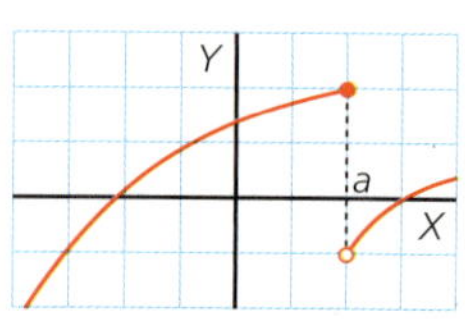

Salto de k unidades hacia abajo.

Discontinuidad de salto infinito

Una función tiene una discontinuidad de salto infinito en $x = a$ si la diferencia entre los valores que toma la función a la derecha y a la izquierda del punto es infinita.

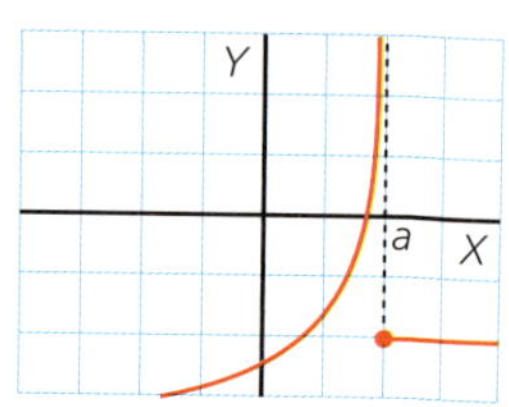

El punto ● pertenece a la función, y el punto ○, no pertenece a la función.

ACTIVIDADES

ACTIVIDAD RESUELTA

11 A partir de la gráfica de la siguiente función, determina:

a. El dominio de la función.

b. Los intervalos en los que la función es continua.

c. Los puntos de discontinuidad y su tipo.

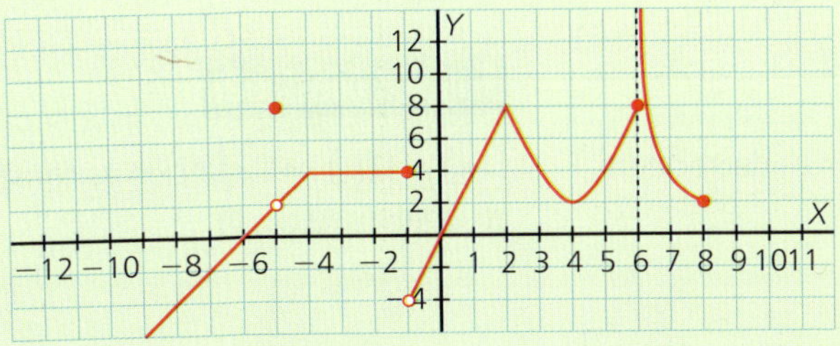

a. D (f) = (−∞ , 8]

b. La función es continua en los intervalos (−∞ , −5), (−5 , −1), (−1 , 6) y (6 , 8].

c. La función presenta discontinuidades en $x = -5$, $x = -1$ y $x = 6$.

En $x = -5$, la función tiene un punto de discontinuidad evitable.

En $x = -1$ tiene un punto de discontinuidad de salto finito

En $x = 6$ tiene un punto de discontinuidad de salto infinito.

12 Analiza el dominio, los intervalos de continuidad y los puntos de discontinuidad, si los hubiera, de las siguientes funciones:

a.

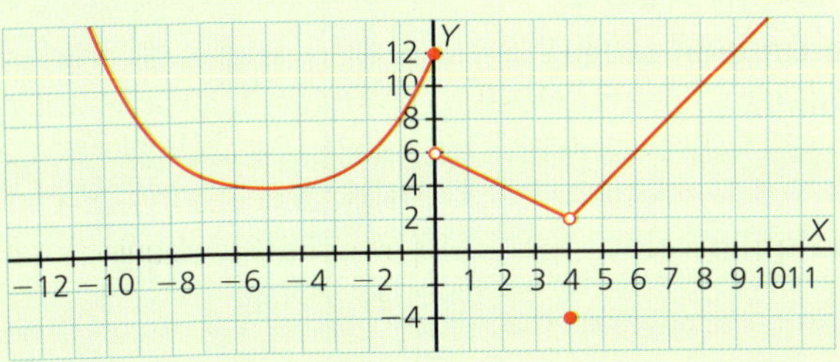

b.

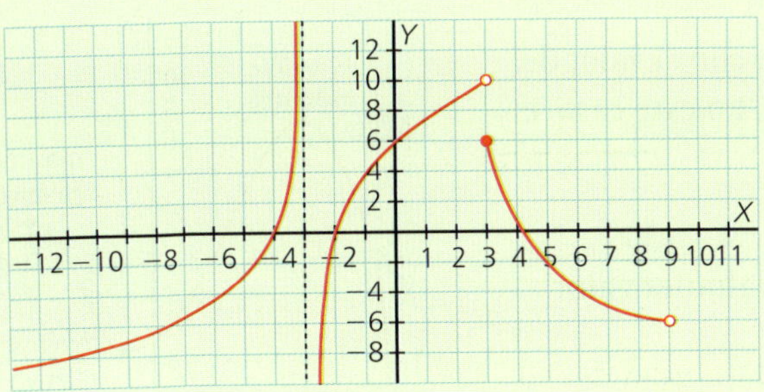

13 Determina cuál de estas gráficas cumple las siguientes condiciones:

- Es continua en (−5 , 0), (0 , 3) y (3 , 5).
- Tiene un punto de discontinuidad evitable en $x = 0$.
- Tiene un punto de discontinuidad de salto finito en $x = 3$.

a.

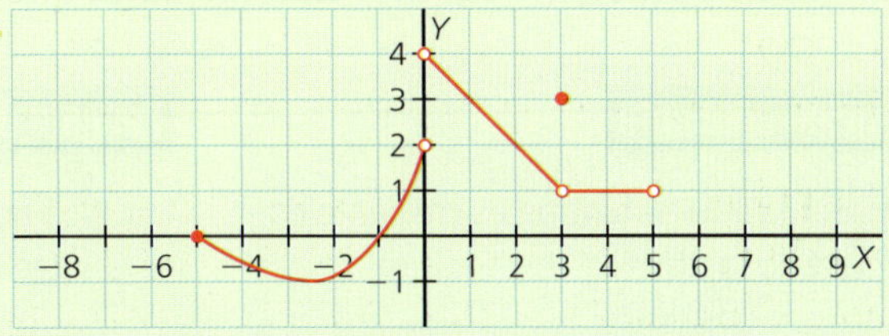

b.

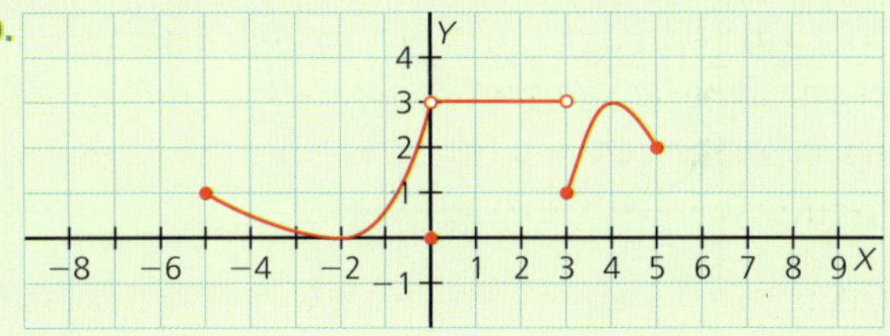

14 La siguiente gráfica representa la función parte entera de un número, E [x]. (La parte entera de un número es el número entero menor más próximo).

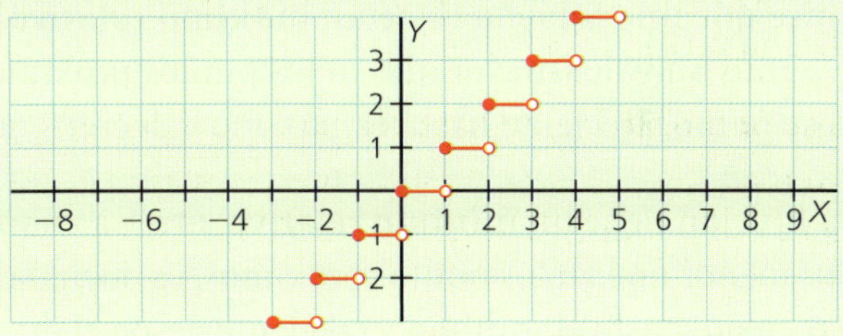

a. ¿Cuáles son los puntos de discontinuidad de esta función?

b. Calcula la parte entera de −2,7.

c. Calcula E [2 , 3], E [0 , 1] y E [−7 , 1].

15 Dibuja la gráfica de una función que cumpla las siguientes condiciones:

- Es continua en (−2 , 0), (0 , 1) y (1 , 2).
- Tiene un punto de discontinuidad evitable en $x = 1$.
- Tiene un punto de discontinuidad en $x = 0$.
- f (0) = 2; f (1) = 0; f (−2) = 1; f (2) = 2
- Su recorrido es [0 , 2].

16 Dibuja la gráfica de una función par que sea periódica de periodo 3.

03 Crecimiento y decrecimiento de una función. Máximos y mínimos

Para determinar el crecimiento de una función, se analiza el valor de la variable y cuando aumenta o disminuye el valor de la variable x.

Sea f una función definida en un intervalo (a , b) de su dominio; si para cualquier par de puntos, x_1 y x_2, del intervalo, tales que $x_1 < x_2$, se verifica que:

Función creciente

$f(x_1) \leq f(x_2) \Rightarrow$ la función es **creciente** en el intervalo (a , b).

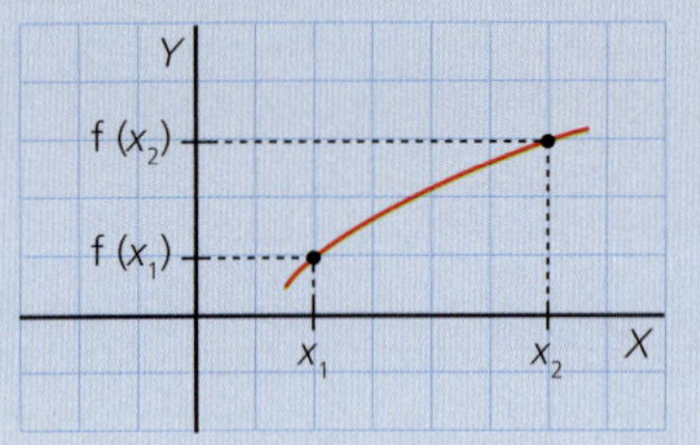

Función decreciente

$f(x_1) \geq f(x_2) \Rightarrow$ la función es **decreciente** en el intervalo (a , b).

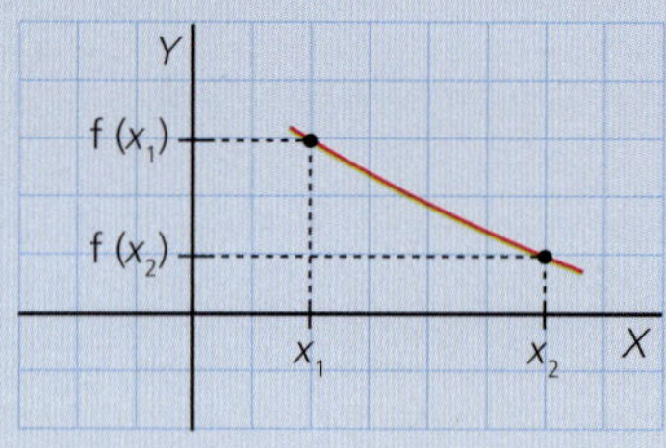

Función constante

$f(x_1) = f(x_2) \Rightarrow$ la función es **constante** en el intervalo (a , b).

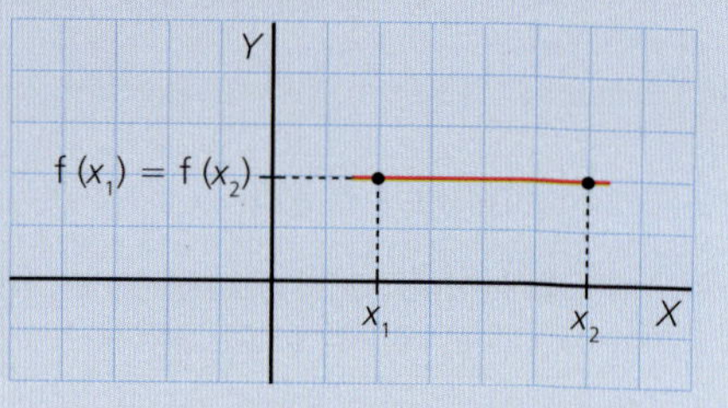

03.1 Máximos y mínimos de una función

Se dice que una función tiene un **máximo relativo** en x = a cuando toma en ese punto un valor mayor que en los puntos próximos, es decir, la función es, en ese punto, creciente hasta el máximo y decreciente desde el máximo.

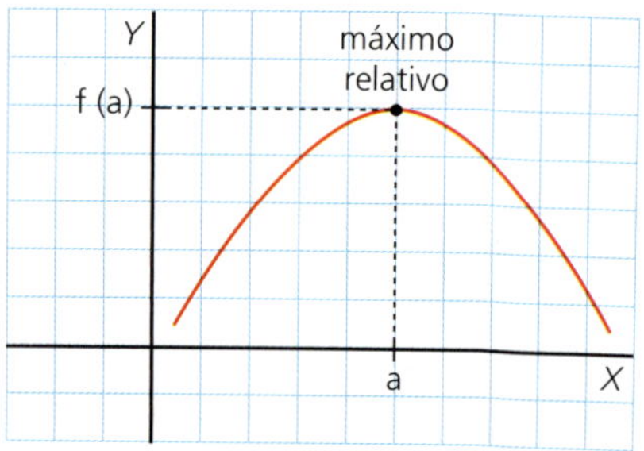

Una función tiene un **mínimo relativo** en x = a cuando toma en ese punto un valor menor que en los puntos próximos, es decir, la función es, en ese punto, decreciente hasta el mínimo y creciente desde el mínimo.

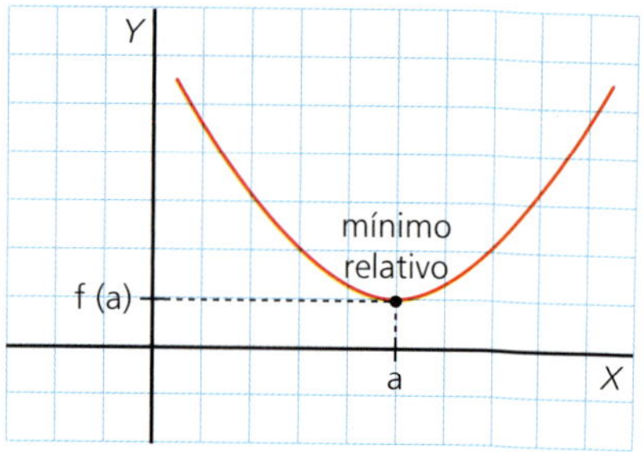

En ocasiones existen máximos relativos cuyo valor coincide con el valor del máximo que toma la función. En este caso se dice que dicho máximo relativo es un máximo absoluto. Puede suceder, sin embargo, que la función tenga máximos relativos, pero ninguno de ellos sea un máximo absoluto.

> **Una función tiene un máximo absoluto en x = a si, para cualquier valor x del dominio, se verifica que $f(a) \geq f(x)$.**

También pueden existir mínimos relativos cuyo valor coincide con el valor del mínimo que toma la función en cualquier punto del dominio. En este caso, el mínimo relativo es un mínimo absoluto.

> **Una función tiene un mínimo absoluto en x = a si, para cualquier valor x del dominio, se verifica que $f(a) \leq f(x)$.**

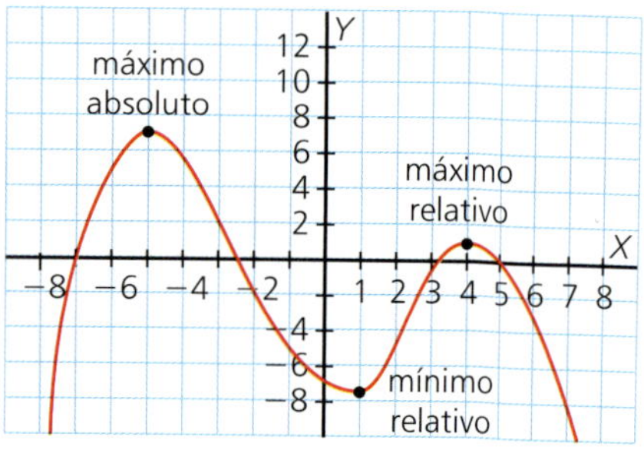

ACTIVIDADES

ACTIVIDAD RESUELTA

17 Determina los máximos y mínimos relativos de la siguiente función e indica si existen máximos y mínimos absolutos:

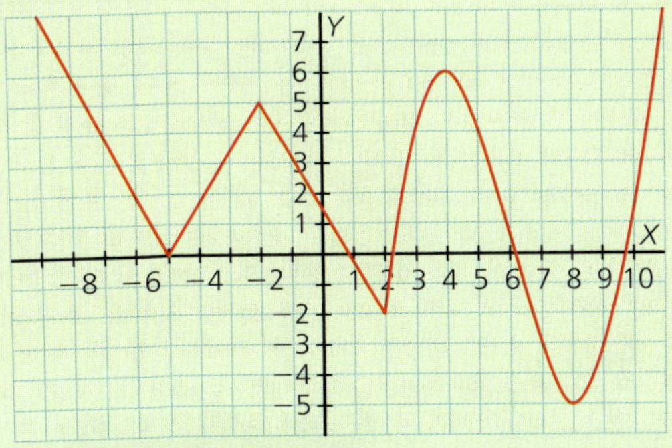

La función tiene mínimos relativos en $x = -5$, en $x = 2$ y en $x = 8$; es decir, en los puntos $(-5 , 0)$, $(2 , -2)$ y $(8 , -5)$.

Tiene un mínimo absoluto en $x = 8$; esto es, en el punto $(8 , -5)$.

La función tiene máximos relativos en $x = -2$ y $x = 4$; o sea, en los puntos $(-2 , 5)$ y $(4 , 6)$. Sin embargo, no tiene ningún máximo absoluto.

18 Determina los intervalos de crecimiento y decrecimiento y los máximos y mínimos relativos de las funciones representadas en las siguientes gráficas:

a.

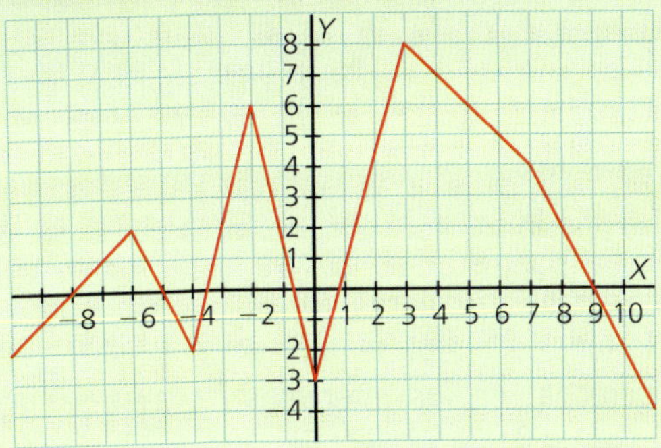

b.

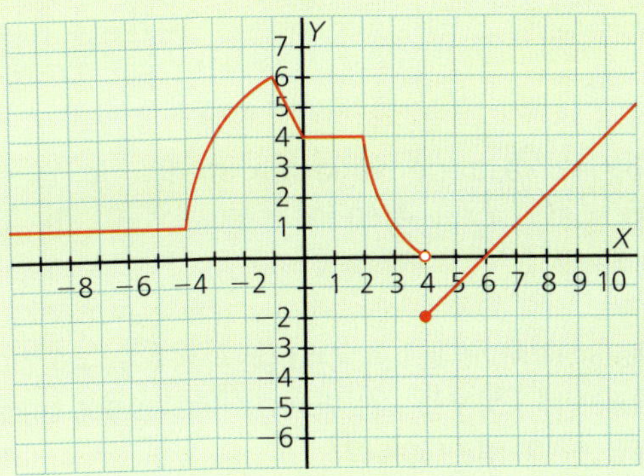

ACTIVIDAD RESUELTA

19 Determina los intervalos de crecimiento y decrecimiento de la función representada por la siguiente gráfica:

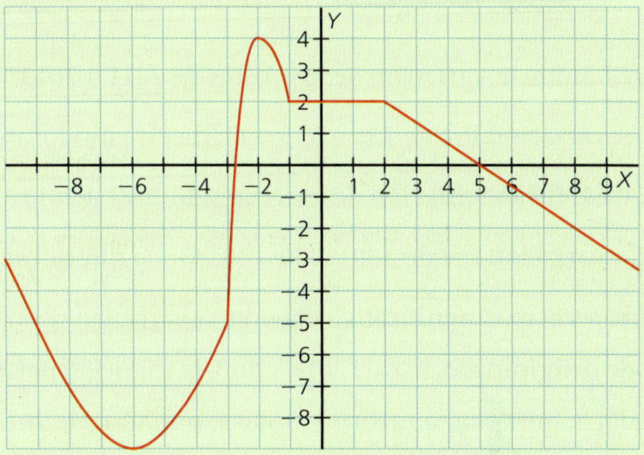

Es creciente en $(-6 , -2)$.

Es decreciente en $(-\infty , -6) \cup (-2 , -1) \cup (2 , +\infty)$.

Es constante en el intervalo $(-1 , 2)$.

20 Indica las coordenadas de los máximos y mínimos relativos de estas funciones y señala si existen máximos y mínimos absolutos.

a.

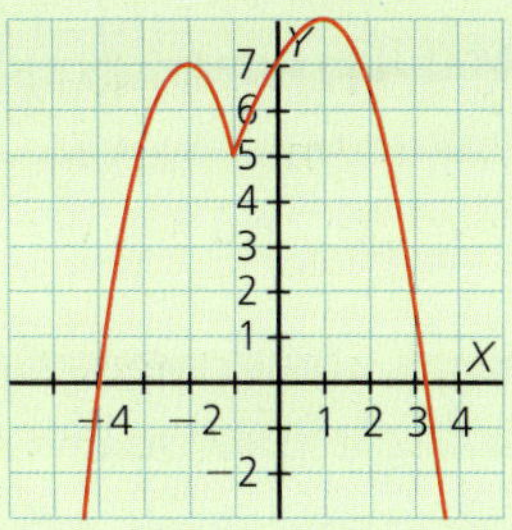

b.

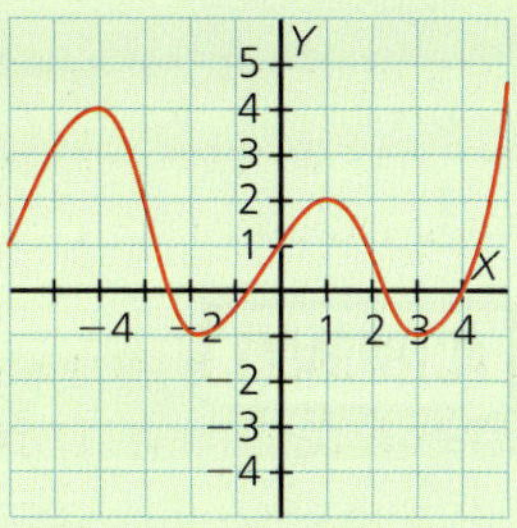

21 Dibuja la gráfica de una función que esté definida en todos los números reales, sea creciente en el intervalo $(-\infty , -4) \cup (0 , 4)$ y decreciente en $(-4 , 0) \cup (4 , +\infty)$ y tenga un mínimo relativo, dos máximos relativos y un máximo absoluto.

22 Dibuja una función impar definida en todos los números reales que tenga dos máximos y dos mínimos.

23 Dibuja una función definida en el intervalo $[-7 , 7]$, que sea simétrica respecto del eje Y, que tenga tres máximos relativos en los puntos $(-2 , 6)$, $(0 , 5)$ y $(2 , 6)$, dos mínimos relativos en los puntos $(-1 , 4)$ y $(1 , 4)$ y dos máximos absolutos en $(-2 , 6)$ y $(2 , 6)$.

04 Tasa de variación media

Los costes de una empresa en los últimos 5 años son:

Año	2011	2012	2013	2014	2015
Costes (en miles de euros)	345	350	356	374	380

- ¿Cuál fue la variación de los costes de 2011 a 2013?

  La variación fue de 356 – 345 = 11; de este modo, aumentó en 11 000 €.

- ¿Cuál fue la variación de los costes de 2012 a 2015?

  La variación fue de 380 – 350 = 30, con lo que aumentó en 30 000 €.

Pero, sería más significativo conocer la variación de los costes por año en un periodo determinado. Así, de 2011 a 2013, la variación por año fue de $\frac{356-345}{2}=5{,}5$; es decir, aumentó a razón de 5 500 € por año. De 2012 a 2015, la variación por año fue de $\frac{380-350}{2}=10$; esto es, aumentó a razón de 10 000 € por año. Es decir, el coste aumentó más rápido en el segundo periodo que en el primero. De este modo, se ha calculado la tasa de variación media de los costes en dos periodos de tiempo y ello ha servido para analizar cómo aumenta o disminuciye una función en un intervalo.

Se denomina **tasa de variación media (TVM)** de una función, *f*, en un intervalo, [a , b], al cociente entre la variación que experimenta la función en dicho intervalo y la longitud del intervalo:

$$\text{TVM}\ (f, [a, b] = \frac{f(b)-f(a)}{b-a}$$

La TVM de una función en un intervalo indica la **velocidad de crecimiento o decrecimiento** de la función en dicho intervalo.

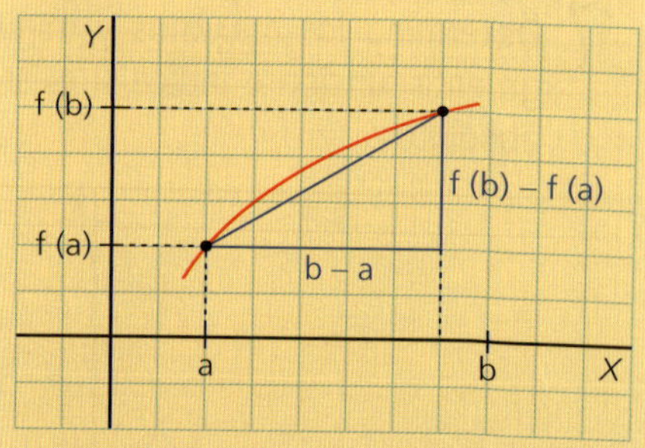

Obsérvese que la TVM es la pendiente de la recta que une los puntos [a , f (a)] y [b , f (b)].

ACTIVIDAD RESUELTA

Halla la tasa de variación media de la función $f(x)=x^2-4$ en los intervalos [0 , 3] y [2 , 5]. Interpreta los resultados.

$\text{TVM}\ (f, [0, 3]) =$

$=\frac{f(3)-f(0)}{3-0}=\frac{5-(-4)}{3}=\frac{9}{3}=3$

$\text{TVM}\ (f, [2, 5]) =$

$=\frac{f(5)-f(2)}{5-2}=\frac{21-0}{3}=\frac{21}{3}=7$

La función es creciente en los dos intervalos, pero crece más rápidamente en el segundo.

ACTIVIDADES

ACTIVIDAD RESUELTA

24 Halla la tasa de variación media (TVM) de la función *f* en los intervalos [1 , 4] y [4 , 5] e interpreta los resultados.

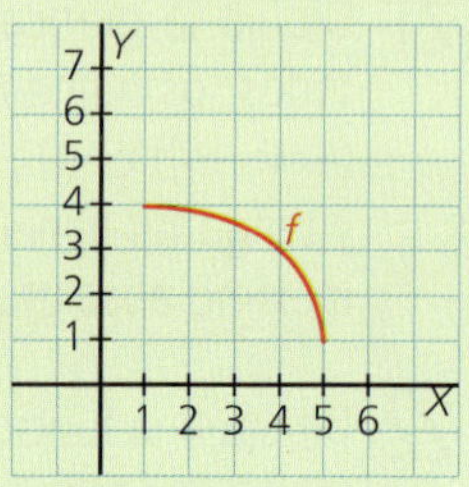

$\text{TVM}\ (f, [1, 4]) = \frac{f(4)-f(1)}{4-1}=\frac{3-4}{3}=-\frac{1}{3}$

$\text{TVM}\ (f, [4, 5]) = \frac{f(5)-f(4)}{5-4}=\frac{1-3}{1}=-2$

La función decrece más rapidamente en [4 , 5] que en [1 , 4].

25 Halla la tasa de variación media de la función *f*, representada a la derecha, en los intervalos [1 , 2], [1 , 3], [2 , 4] y [3 , 6].

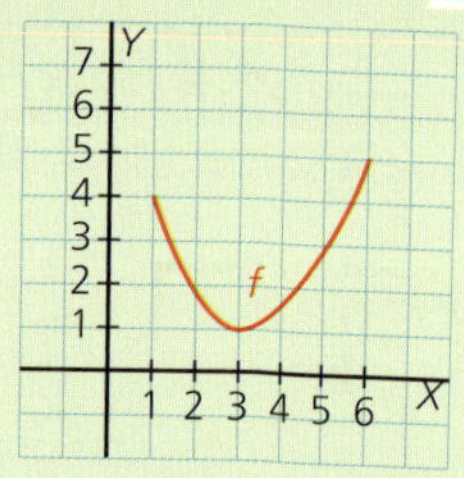

26 Halla la tasa de variación media de la función $f(x)=x^2-2x+4$ en los intervalos [0 , 1], [0 , 2] y [1 , 3].

27 Halla la TVM de la función $f(x)=x^2-5x+7$ en los intervalos [3 , 5] y [5 , 7]. ¿En cuál de los dos crece o decrece con mayor rapidez?

05 Curvatura y puntos de inflexión

La curvatura de una función indica la forma que tiene la gráfica de la función, es decir, si la curva es cóncava o convexa:

- Una función es **cóncava** en un intervalo, (a , b), si, dados dos puntos cualesquiera del intervalo, el segmento que los une está situado por debajo de la gráfica de la función.
- Una función es **convexa** en un intervalo, (a , b), si, dados dos puntos cualesquiera del intervalo, el segmento que los une está situado por encima de la gráfica de la función.

Ten en cuenta

Concavidad y convexidad son términos matemático con definiciones muy ambiguas.

Para evitar confusiones, el término cóncavo se define como cóncavo hacia arriba y el término convexo como cóncavo hacia abajo.

ACTIVIDAD RESUELTA

Indica si las siguientes funciones son cóncavas o convexas y en qué intervalos:

a.

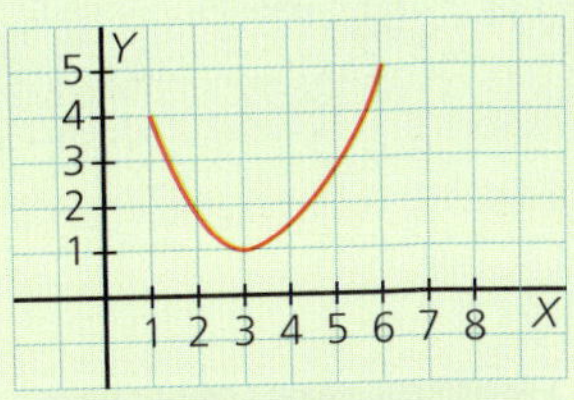

b.

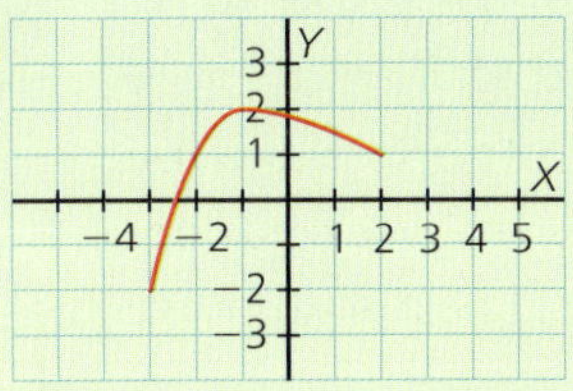

a. Es convexa en el intervalo (1 , 6). **b.** Es cóncava en el intervalo (–3 , 2).

Existen puntos de la gráfica en los que la función cambia de curvatura. Dichos puntos se denominan puntos de inflexión.

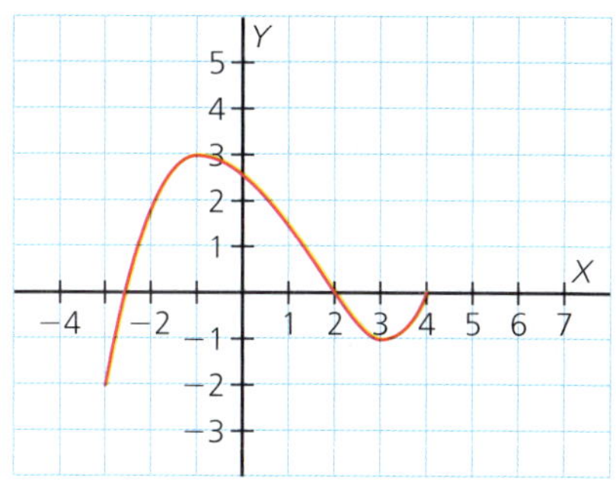

Por ejemplo, la gráfica del margen es cóncava en el intervalo (–3 , 1) y convexa en (1 , 4). En el punto $x = 1$ cambia de curvatura, por eso se dice que esta función tiene un punto de inflexión en $x = 1$.

- Una función tie ne un punto de inflexión en el punto $x = a$ si en ese punto la función cambia de curvatura, es decir, si pasa de cóncava a convexa o de convexa a cóncava.

ACTIVIDADES

28 Estudia la curvatura de las siguientes funciones e indica sus puntos de inflexión:

a.

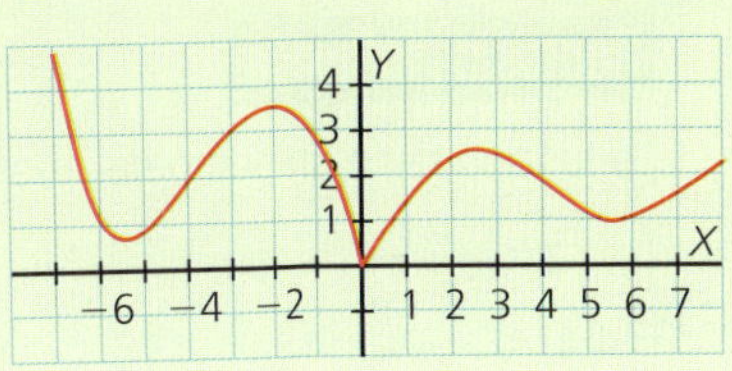

b.

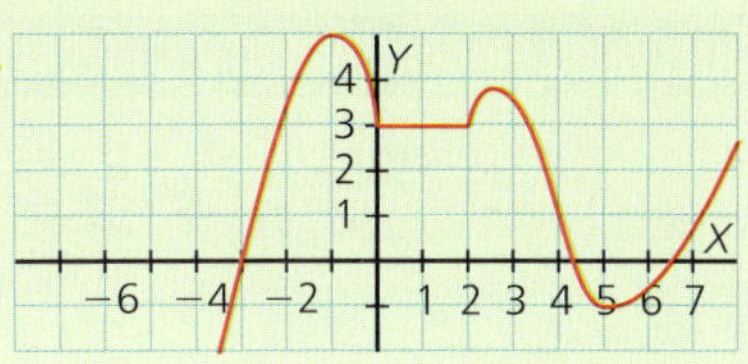

06 Análisis, interpretación y dibujo de gráficas

Aunque tal y como se ha visto las funciones pueden representarse de tres formas distintas, la gráfica de una función permite apreciar de un modo más rápido y visual las características que la definen. Así, es frecuente recurrir a las gráficas de funciones para representar numerosas situaciones cotidianas.

06.1 Análisis de la gráfica de una función

El análisis de la gráfica de una función, f (x), permite estudiar sus características principales. Fíjate en el ejemplo de la gráfica y su análisis:

Dominio y recorrido

La función está definida en el intervalo (–4 , +∞). No existe la gráfica para valores menores o iguales a –4:
D (f) = (–4 , +∞) y R (f) = [–2 , +∞).

Puntos de corte con los ejes

El punto de corte con el eje *Y* es (0 , –1), y los puntos de cortes con el eje *X* son (–1 , 0), (2 , 0), (4,2 , 0), (7 , 0) y (9 , 0).

Signo de la función

El signo de la función es positivo en (–4 , –1) ∪ (2 , 4,2) ∪ (9 , +∞) y negativo en (–1 , 2) ∪ (4,2 , 9).

Intervalos de crecimiento y decrecimiento

La función es creciente en (–4 , –3) ∪ (0 , 2) ∪ (5 , 7) ∪ (8 , +∞), constante en (2 , 4) y decreciente en (–3 , 0) ∪ (4 , 5) ∪ (7 , 8).

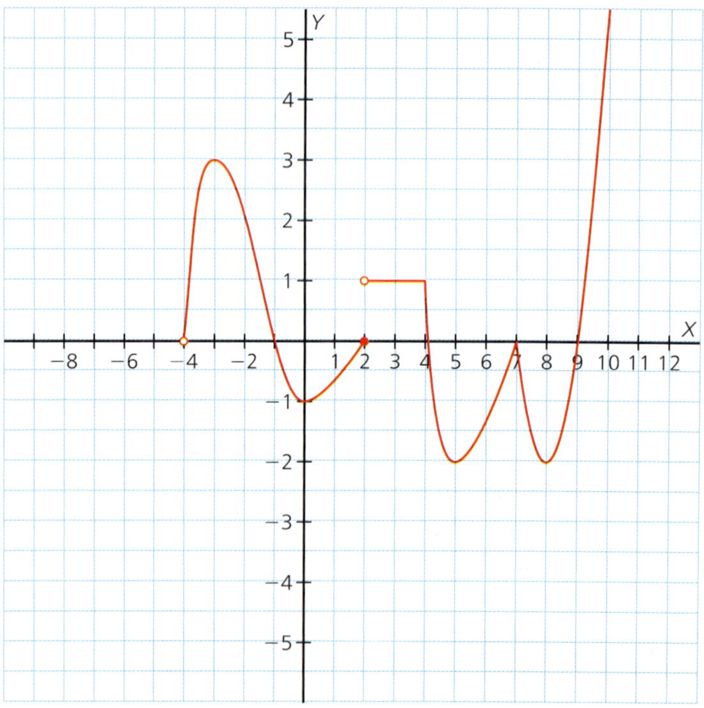

Continuidad y puntos de discontinuidad

La función es continua en el intervalo (–4 , 2) ∪ (2 , +∞). La función tiene un punto de discontinuidad de salto finito en $x = 2$.

Máximos y mínimos relativos

Los máximos relativos son los puntos (–3 , 3) y (7 , 0). Los mínimos relativos son los puntos (0 , –1), (5 , –2) y (8 , –2).

Máximos y mínimos absolutos

No tiene máximos absolutos y sí dos mínimos absolutos, uno en (5 , –2) y otro en (8 , –2).

Simetría y periodicidad

La función no tiene simetría respecto del eje *Y* ni respecto del origen. La función no es periódica.

Intervalos de concavidad y convexidad

La función es cóncava en (–4 , –1) y es convexa en (–1 , 2), (4 , 7) y (7 , +∞).

Puntos de inflexión

La función tiene un punto de inflexión en $x = –1$.

06.2 Interpretación de la gráfica de una función

Existen numerosas situaciones de la vida cotidiana que pueden ser representadas por una función y, en particular, por una gráfica. En este tipo de representaciones, además de llevar a cabo el análisis general de la gráfica, es posible obtener información de la situación representada, y, así, realizar una **interpretación de la gráfica** de la función. Además, la interpretación conjunta de varias gráficas permite efectuar análisis comparativos de resultados.

ACTIVIDAD RESUELTA

En la gráfica del margen se muestra la evolución de la altura de un bebé en sus 18 primeros meses de vida. A partir de esta representación gráfica contesta a las siguientes preguntas:

a. ¿Qué le sucedió a la altura del bebé entre el tercer y el quinto mes?

b. ¿En qué periodo aumentó el bebé su altura con más rapidez?

c. ¿Cuál es el crecimiento medio del bebé en sus 18 primeros meses de vida?

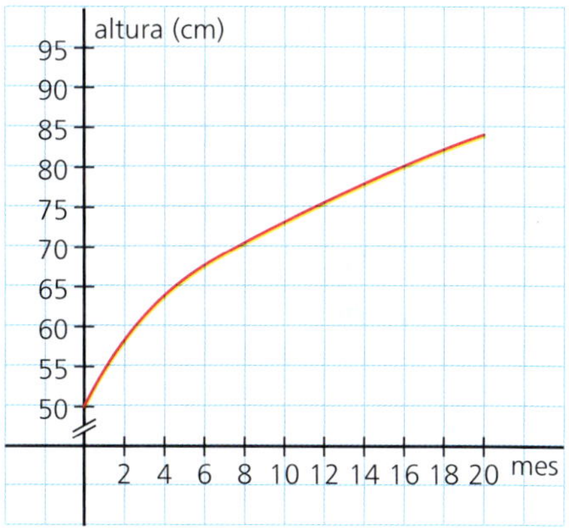

a. Entre el tercer mes y el cuarto mes, su altura permanece constante, y del cuarto mes al quinto mes disminuye 1 cm.

b. Analizando la TVM en el intervalo [6 , 8] (del sexto al octavo mes), se observa un crecimiento de 2 cm al mes. Lo mismo sucede en el periodo [1 , 2] (del primer al segundo mes). Son los dos periodos de máximo crecimiento.

c. Como f (18) – f (0) = 11, entonces la TVM será:

$$(f , [0 , 18]) = \frac{11}{18} = 0{,}61$$

Es decir, ha crecido una media de 6 cm por año.

ACTIVIDAD RESUELTA

La evolución del precio de las acciones de dos empresas durante este año viene expresada por la gráfica del margen:

a. ¿En qué periodo conviene dejar de invertir en la empresa A y empezar a hacerlo en la empresa B?

b. ¿Cuál es el valor máximo que han tenido las acciones de dichas empresas a lo largo del año? ¿Y su valor mínimo?

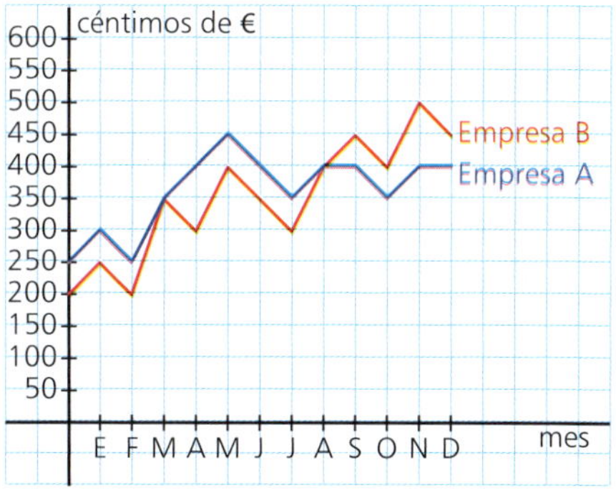

a. Conviene dejar de invertir en la empresa A en el mes de agosto, ya que a partir de dicho mes el valor de las acciones de la empresa B crece más que el de las de la empresa A.

b. La empresa A ha cotizado a un máximo de 4,5 €, y la empresa B lo ha hecho a un máximo de 5 €. Por otro lado, la empresa A ha cotizado a un mínimo de 2,5 €, mientras que la empresa B ha cotizado a un mínimo de 2 €.

06.3 Construcción de la gráfica de una función

Conociendo las características de una función, se puede dibujar su gráfica. Se muestra a continuación un ejemplo para ilustrar el proceso general de construcción de la gráfica a partir de sus características generales paso a paso.

Construcción de la gráfica de una función

1 D (f) = (−∞ , 5) y R (f) = [−3 , +∞).
Esta información indica que la gráfica debe dibujarse en el área marcada.

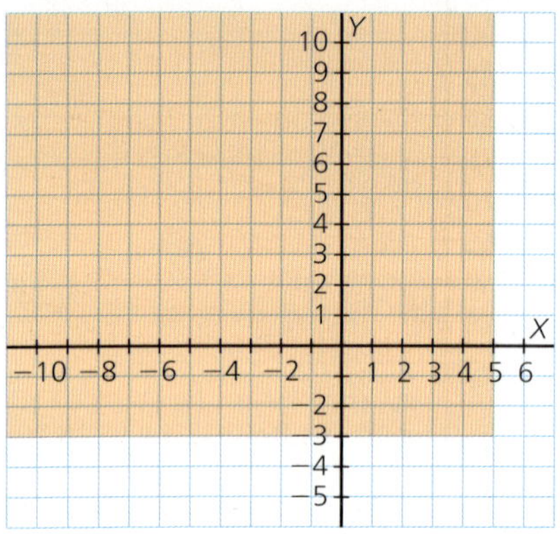

2 Corta al eje *Y* en el punto (0 , 0) y al eje *X* en los puntos (−6 , 0), (−4 , 0), (−1 , 0) y (0 , 0).
Se marcan los puntos de corte de la gráfica.

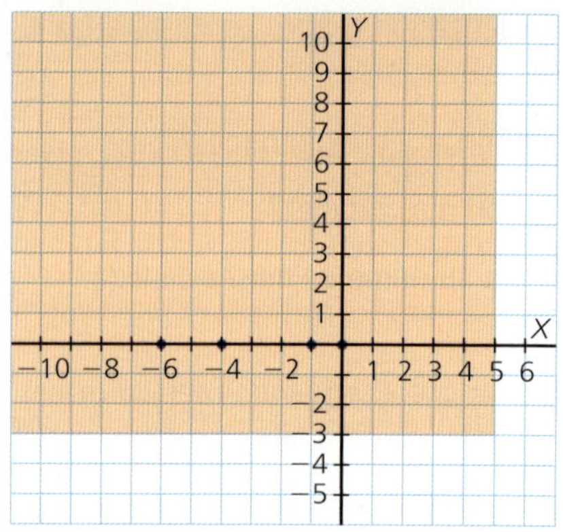

3 Tiene un máximo relativo en (−3 , 1) y dos mínimos en (−5 , −1) y (3 , −3).
Se marca el punto máximo relativo y los puntos mínimos relativos.

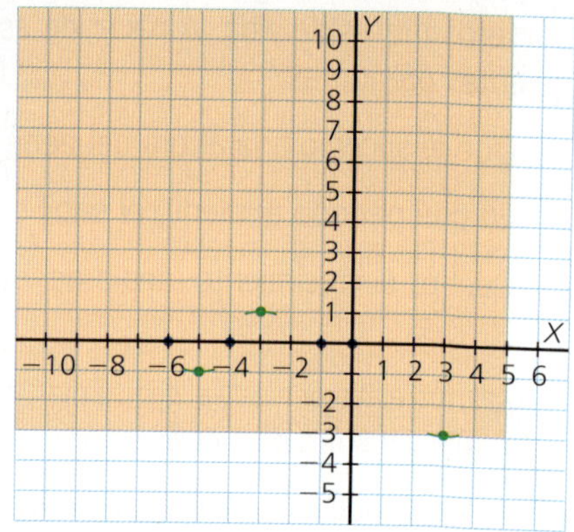

4 Tiene un punto de discontinuidad de salto finito en *x* = −1. El salto es de 1 unidad, y f (−1) = 0. Tiene también un punto de discontinuidad de salto finito en *x* = 2. El salto es de 2 unidades, y f (2) = −2.
El punto (2 , −2) se marca con ●, pues pertenece a la gráfica, y los puntos (−1 , −1) y (2 , 2), con ○, ya que no están en la gráfica.

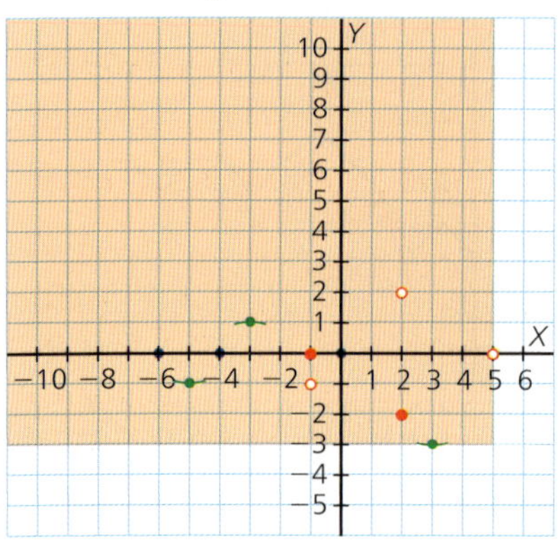

5 La función no es simétrica ni periódica, pero esto no aporta información relevante en este caso.

6 Es creciente en:
(−5 , −3) ∪ (−1 , 2) ∪ (3 , 5)
Decreciente en:
(−∞ , −5) ∪ (−3 , −1) ∪ (2 , 3)
Se esbozan los intervalos de crecimiento y decrecimiento.

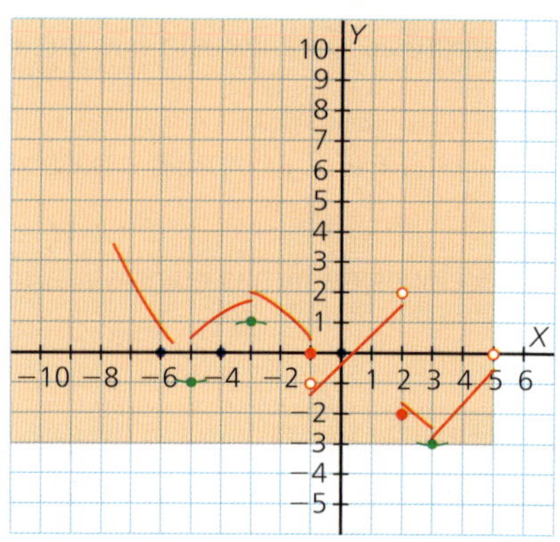

7 Es convexa en (−∞ , −4) y en (2 , 5) y cóncava en (−4 , −1); además, el punto de inflexión es (−4 , 0).
Se marca el punto de inflexión.
Con los demás datos se completa la gráfica de la función.

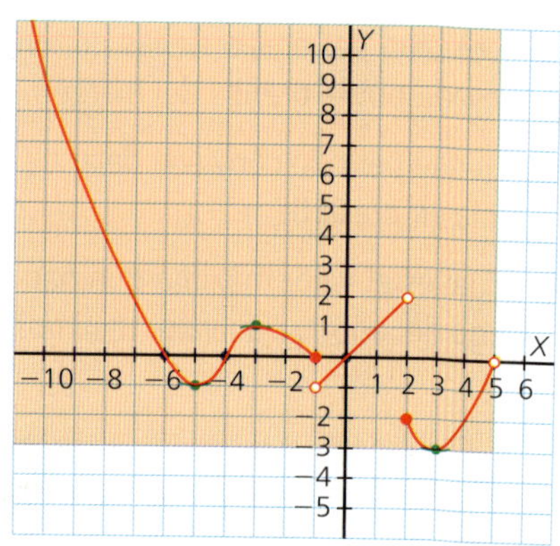

La representación gráfica de una función a partir de sus características es una representación aproximada. Para representar la gráfica con más exactitud, sería necesario disponer de una tabla de valores.

ACTIVIDADES

29 Analiza la función cuya gráfica viene dada por la siguiente curva:

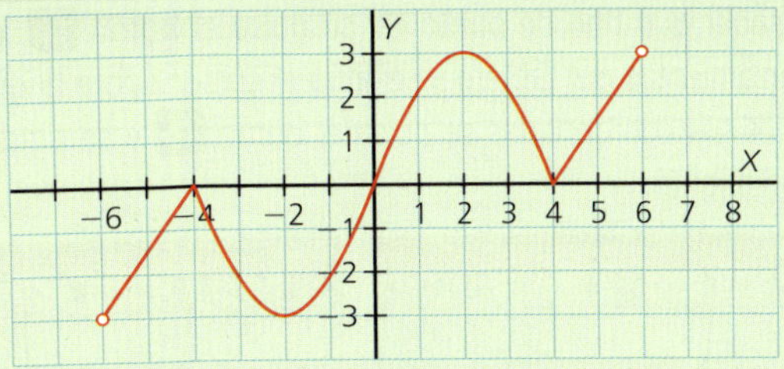

ACTIVIDAD RESUELTA

30 La siguiente gráfica representa la relación *tiempo-distancia* del recorrido en línea recta que realiza un grupo de ciclistas durante un día desde un pueblo, A, hasta otro, B:

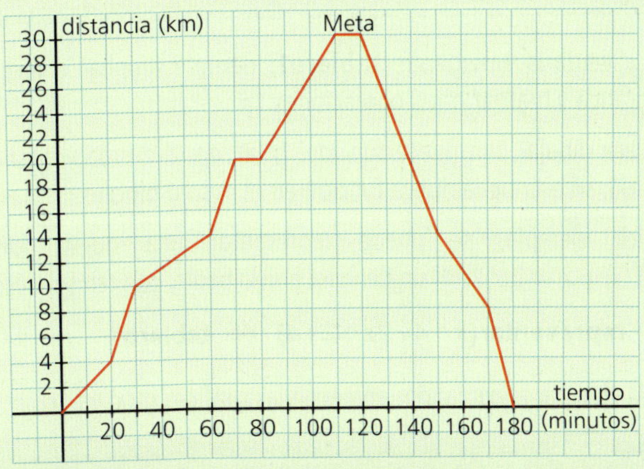

a. ¿Cuántos kilómetros hacen los ciclistas en todo el recorrido?

b. ¿Cuál es el dominio de esta función?

c. ¿Cuánto tiempo tardaron en completar todo el recorrido?

d. ¿Realizaron alguna parada? ¿En qué momento?

e. ¿Qué velocidad media llevaron hasta alcanzar la meta?

a. Hacen en total 60 km.

b. D (f) = [0 , 180]

c. Tardaron 180 min.

d. Realizaron dos paradas de 10 min cada una, la primera entre el minuto 70 y el 80 y la segunda entre el 110 y el 120.

e. La velocidad media de ida ha sido de:

$$\text{TVM}\ (f\ ,\ [0\ ,\ 110]) = \frac{30}{110} = \frac{3}{11}$$

3 km/11 min = 16,36 km/h

31 Los gastos e ingresos mensuales de una empresa que vende ordenadores están representados esta gráfica:

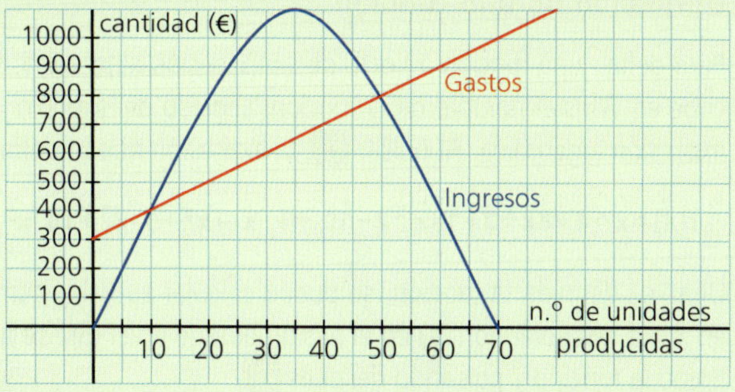

a. ¿Cuáles son los ingresos y los gastos por la venta de 0 ordenadores? ¿Cuánto dinero necesita la empresa para empezar a funcionar?

b. Si los beneficios de la empresa se obtienen restando a los ingresos los gastos, ¿qué beneficios supone la venta de 10 ordenadores?

c. ¿Cuántos ordenadores debe fabricar la empresa para alcanzar unos ingresos máximos? ¿Y para conseguir unos beneficios máximos?

d. ¿Le resulta rentable a la empresa una venta de 70 ordenadores? ¿Y de 5 ordenadores? ¿Por qué?

e. ¿Cuántos ordenadores debe vender la empresa como mínimo para no tener pérdidas?

32 Construye la gráfica de una función que verifique las siguientes condiciones:

- D (f) = [−7 , 7) y R (f) = [−3 , 3].
- Corta al eje *X* en los puntos (−7 , 0) y (−5 , 0) y al eje *Y* en el punto (0 , 2).
- Es positiva en (−7 , −5) ∪ (−2 , 7) y negativa en (−5 , −2).
- Tiene un máximo relativo en (−6 , 3) y un mínimo absoluto en (−3 , −3).
- Es continua en [−7 , −2) ∪ (−2 , 1) ∪ (1 , 7) y discontinua en $x = -2$, donde tiene un punto de discontinuidad de salto finito de 2 unidades hacia arriba, con f (−2) = 2. Es también discontinua en $x = 1$, donde tiene un salto finito de 2 unidades hacia abajo, con f (1) = 2.
- Es creciente en (−7 , −6) ∪ (−3 , −2) ∪ (1 , 7), decreciente en (−6 , −3) y constante en (−2 , 1).
- Es cóncava en (−7 , −5) y en (1 , 7) y convexa en (−5 , −2), con un punto de inflexión en (−5 , 0) y f (7) = 2.

Funciones con Wiris

Definición de una función

Para definir una función a partir de su expresión algebraica, se escribe en Wiris el nombre de la función, seguido del símbolo = y la expresión algebraica. Al pulsar ▣, la expresión queda definida:

```
f(x)=x^4+8x^3+18x^2-10 → x↦x⁴+8·x³+18·x²-10
```

Una vez definida la función, se puede calcular su valor numérico en $x = a$, escribiendo f (a) en el mismo bloque en el que se ha definido la función y pulsando después ▣.

A continuación, se calculan los valores de la función anterior en $x = 3$, $x = -1$ y $x = 45$:

```
f(3) → 449
f(-1) → 1
f(45) → 4866065
```

Tasa de variación media

Para calcular la TVM de una función en un intervalo, basta con editar en Wiris las operaciones necesarias para calcular dicha tasa de variación. Por ejemplo, editando:

```
(f(3)-f(-1))/(3-(-1)) → 112
```

se obtiene la TVM de la función en el intervalo [–1 , 3].

Representación gráfica de una función

Para dibujar la gráfica de una función en Wiris, es posible emplear el comando **representar( ).** Dentro del paréntesis se debe incluir, o bien el nombre de la función, si esta estuviera definida previamente, o bien su expresión algebraica.

Por ejemplo, para representar la función f (x) anterior, hay que escribir, en el mismo bloque:

```
representar(f(x))
```

Al pulsar sobre el botón ejecutar ▣, se despliega una nueva ventana **(tablero 1).**

```
representar(f(x)) → tablero1
```

En esta nueva ventana aparecen la gráfica de la función y sus principales puntos (en este caso puntos de corte, puntos de inflexión y mínimo, a los que llama puntos singulares).

Para saber qué tipo de punto es, se pulsa el botón ▣, en la barra de herramientas del tablero y se sitúa el cursor sobre la gráfica. Para conocer sus coordenadas se pulsa el botón ▣ y se sigue el mismo procedimiento.

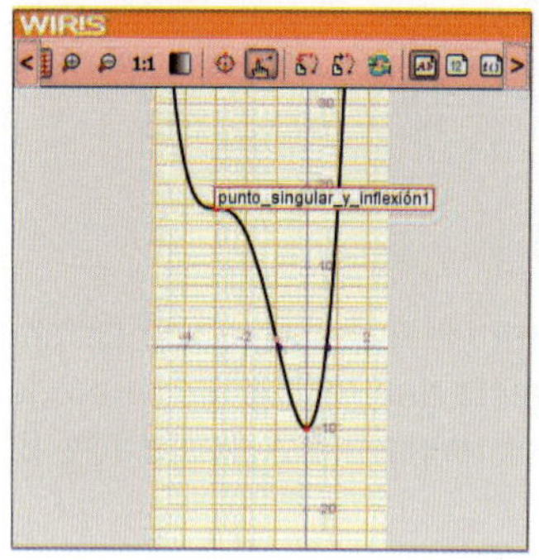

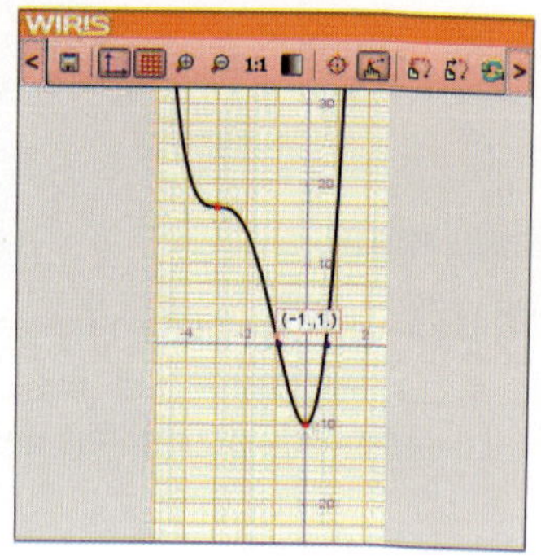

La ventana emergente, **tablero1,** permite ampliar o reducir la gráfica y realizar otras operaciones.

Para dibujar una nueva función, g (x), en la misma ventana que f (x), se escribe la nueva función en el mismo bloque.

Por ejemplo, se puede representar una nueva función, g (x) = x^4-2x^2+4, sin definirla previamente, con tan solo escribir:

```
representar(x^4-2x^2+4) → tablero1
```

Al ejecutar el comando, aparecen las gráficas g (x) y f (x):

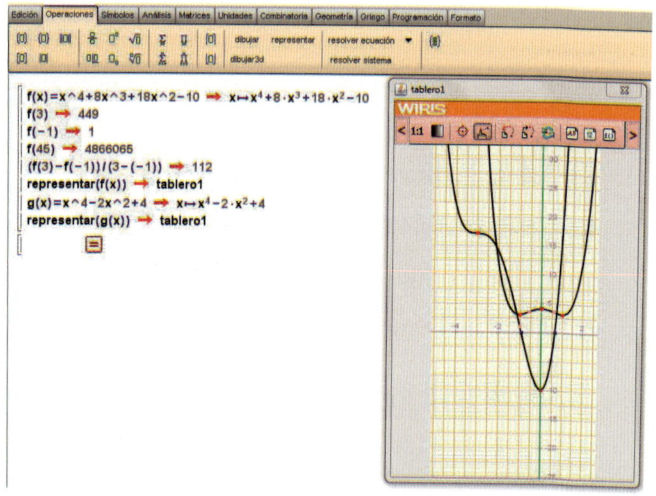

Se observan los puntos de corte con los ejes y las curvas.

APRENDO A APRENDER

Copia en tu cuaderno este mapa conceptual, complétalo y responde a las cuestiones que aparecen a continuación:

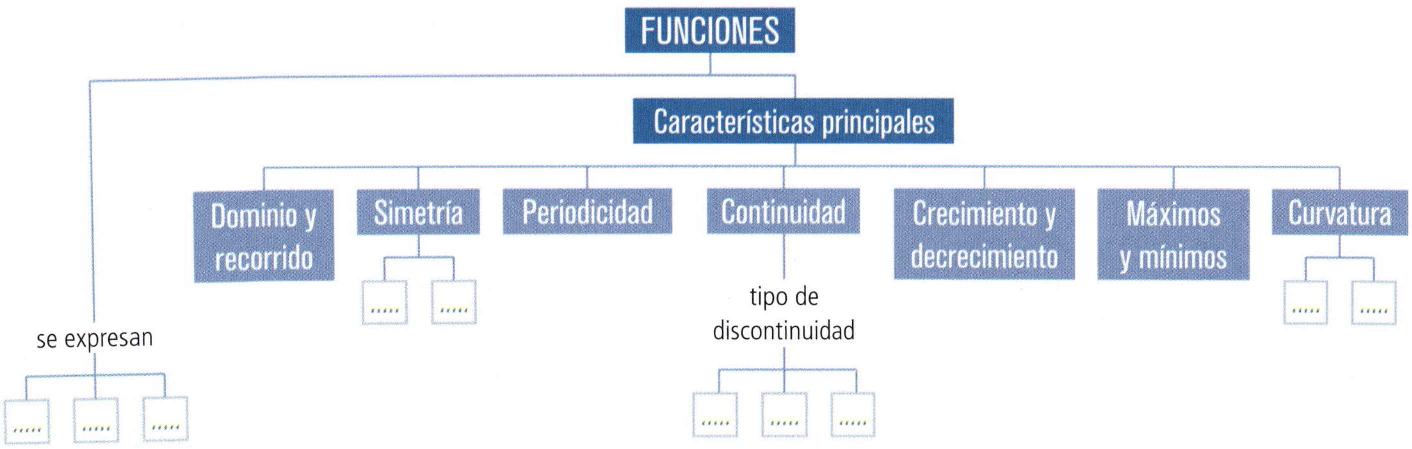

ACTIVIDADES

1 Indica si los siguientes enunciados son verdaderos o falsos:

a. Una función que tiene como dominio el intervalo $[-3 , 6]$ no puede ser simétrica respecto del eje *Y*.

b. Si una función simétrica respecto al origen de coordenadas corta al eje de abscisas, lo hace siempre en el punto $(0 , 0)$.

c. Una función que tiene como dominio todo $\mathbb{R}$ también tiene que tener como recorrido todo $\mathbb{R}$.

d. Si una función es impar y está definida en el intervalo $[-5 , 5]$, entonces es positiva en todo su dominio.

e. Si una función tiene un máximo en $x = 3$, entonces este punto no puede ser un punto de inflexión.

f. Si una función continua es cóncava en $(-3 , 4)$ y convexa en $(4 , 5)$ y su dominio es $(-3 , 5)$, entonces la función tiene un punto de inflexión en $x = 4$.

2 Analiza las siguientes afirmaciones e indica cuáles son ciertas:

a. Una función creciente y continua en el intervalo $(-4 , 5)$ y decreciente en el intervalo $(5 , 6)$ tiene un máximo relativo en $x = 5$.

b. Si una función continua en $[0 , 9]$ tiene un mínimo relativo en $x = 4$ y en $x = 6$, entonces es siempre negativa en su dominio.

c. Una función continua en $[0 , 5]$, $f(0) = -4$ y $f(5) = 8$, tiene que cortar al eje *X* por algún punto de dicho intervalo.

d. Si la TVM $(f , [1 , 4]) = 8$, entonces la función es creciente en el intervalo $[1 , 4]$.

e. Una función decreciente en el intervalo $[3 , 6]$ que tiene una TVM $(f , [3 , 6])$ es negativa.

REPASO FINAL

FUNCIONES

1 A partir de la gráfica de las siguientes funciones determina, para cada una de ellas su dominio, su recorrido, los puntos de corte con los ejes y el signo de la función:

a.

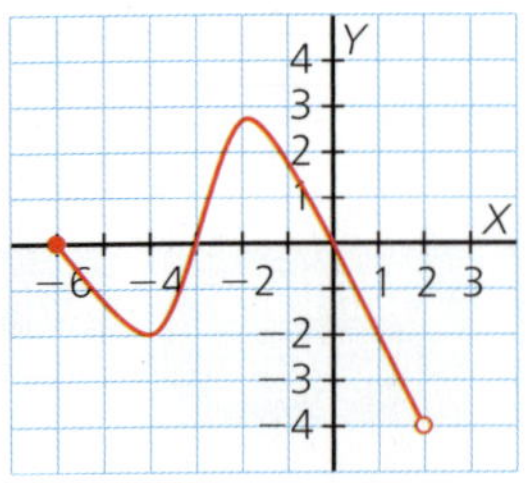

b.

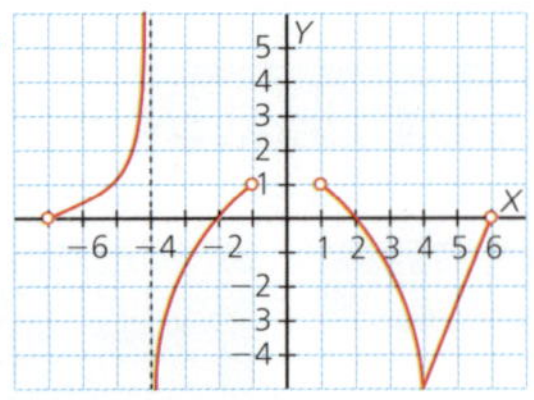

2 Calcula los puntos de corte con los ejes de las siguientes funciones:

a. $f(x) = x^2 - 7x + 12$

b. $f(x) = \dfrac{x+5}{2} - 7x$

c. $f(x) = \dfrac{x+5}{2}$

d. $f(x) = x^3 - x^2 - 30x$

3 Comprueba si alguna de estas funciones es periódica y, en ese caso, halla su periodo:

a.

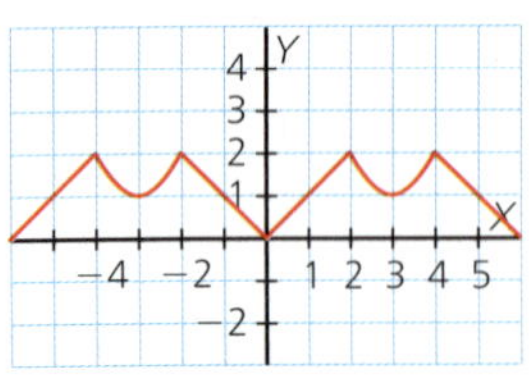

b.

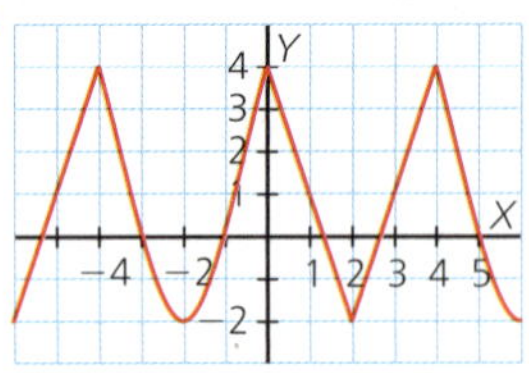

4 Determina si alguna de las siguientes funciones tiene alguna simetría, indicando, en ese caso, de qué tipo es:

a.

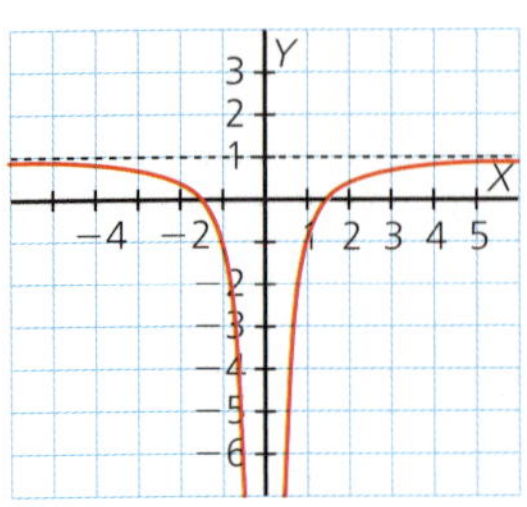

b.

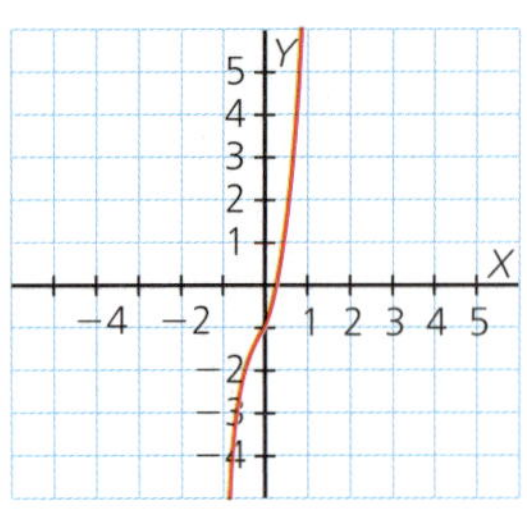

5 Establece si las siguientes funciones son pares, impares o no tienen ningún tipo de simetría:

a. $f(x) = x^3 - 3x + 1$

b. $f(x) = \dfrac{x^4 - 3x^2 + 2}{x^2 - 3}$

c. $f(x) = 3x^3 + 3x^2 + 4$

d. $f(x) = \dfrac{2x^3 + 2x}{x^3}$

6 Dibuja la gráfica de una función periódica de periodo 2 cuyos puntos de corte con el eje X sean $(-5, 0)$, $(-3, 0)$, $(-1, 0)$, $(1, 0)$, $(3, 0)$ y $(5, 0)$.

7 ⊕ Dibuja la gráfica de una función periódica que sea par de periodo 6 y cuyo recorrido sea $[-1, 2]$.

8 Dibuja una función simétrica respecto del eje de ordenadas que sea periódica de periodo 4, tal que $f(0) = 1$ y $R(f) = [0, 1]$.

9 ⊕⊕ Dibuja la gráfica de una función con las siguientes características: $D(f) = [0, +\infty)$, $R(f) = (-2, 1]$; sus puntos de corte con el eje X son $(0, 0)$, $(2, 0)$ y $(3, 0)$; es positiva en $(0, 2) \cup (3, +\infty)$ y negativa en $(2, 3)$ y además, $f(4) = 1$.

CONTINUIDAD DE UNA FUNCIÓN

10 Determina si las funciones cuya gráfica viene dada en la actividad 1 son continuas en su dominio y señala los puntos de discontinuidad si los hubiera, indicando en cada caso de qué tipo son.

11 Considera la función f, cuya gráfica es la siguiente:

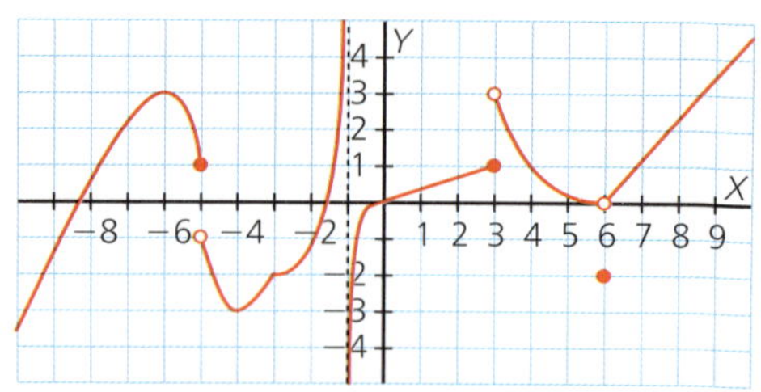

a. ¿Cuál es el dominio de la función? ¿Y el recorrido?

b. ¿Es una función continua en su dominio?

c. Indica si la función tiene algún punto de discontinuidad y clasifícalo.

d. Calcula $f(-5)$, $f(-4)$, $f(3)$ y $f(6)$.

e. Establece cuáles son sus máximos y sus mínimos.

f. Señala cuáles son sus máximos y mínimos absolutos.

g. Determina sus intervalos de crecimiento y decrecimiento.

12 ⊕ Dibuja una función que esté definida en el intervalo $[-4, 5]$ y tenga tres puntos de discontinuidad:

a. En $x = -3$, una discontinuidad evitable, con $f(-3) = 2$.

b. En $x = -1$, una discontinuidad inevitable de salto finito, con $f(-1) = 2$ y salto 5.

c. En $x = 3$, una discontinuidad de salto infinito, con $f(3) = 6$.

CRECIMIENTO Y DECRECIMIENTO DE UNA FUNCIÓN. MÁXIMOS Y MÍNIMOS

13 Determina los intervalos de crecimiento y decrecimiento, así como los máximos y mínimos relativos de las funciones que corresponden a las siguientes gráficas:

a.

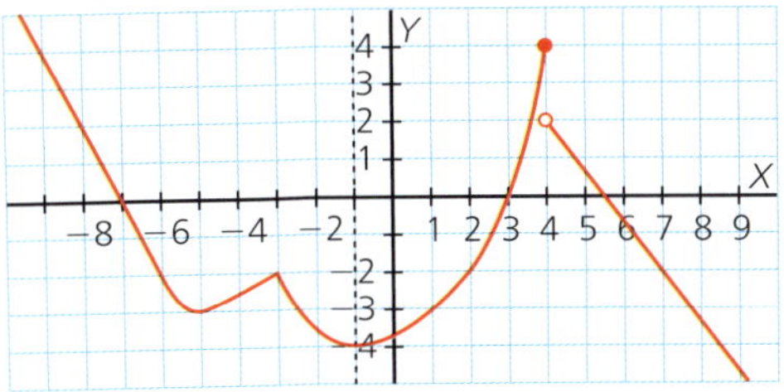

b.

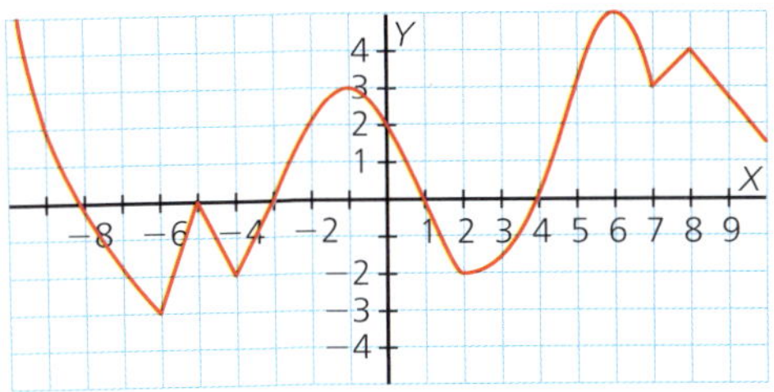

14 La gráfica de una función es la siguiente:

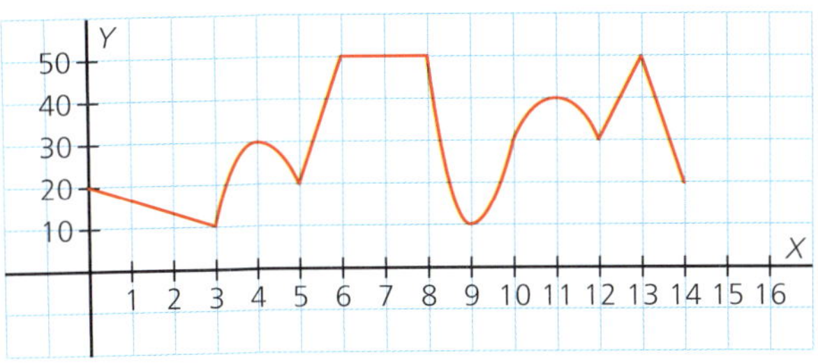

Determina los máximos y mínimos relativos y, si existen, los máximos y mínimos absolutos.

15 ⊕⊕ Construye la gráfica de una función que sea creciente en $(-\infty , -2) \cup (0 , 1) \cup (3 , +\infty)$, decreciente en $(-2 , 0) \cup (2 , 3)$, constante en $(1 , 2)$ y que tenga un máximo relativo en $(-2 , 2)$ y dos mínimos relativos en los puntos $(0 , -2)$ y $(3 , -3)$.

TASA DE VARIACIÓN MEDIA

16 Calcula la TVM de las siguientes funciones en los intervalos que se indican:

a. $f(x) = x^2 + 3x - 12$ en $[0 , 2]$ y $[0 , 5]$.

b. $f(x) = 4x - 7$ en $[4 , 5]$ y $[6 , 8]$.

c. $f(x) = x^3 - 2x$ en $[1 , 3]$ y $[3 , 7]$.

17 Calcula la TVM de la función, *f*, cuya gráfica es la siguiente:

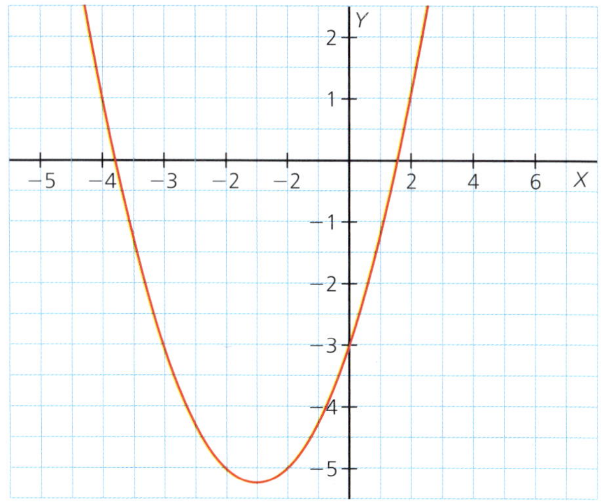

a. En los intervalos $[-4 , -3]$ y $[-3 , -2]$. Interpreta los valores obtenidos.

b. En los intervalos $[-1 , 0]$ y $[0 , 1]$. Interpreta el resultado obtenido.

18 Halla la TVM de la función $f(x) = \dfrac{x^2 - 3x + 5}{x^2 + 1}$ en los intervalos $[-5 , -3]$, $[-5 , -1]$, $[0 , 2]$ y $[0 , 4]$.

19 ⊕⊕ El crecimiento de dos poblaciones de bacterias viene dado por la siguiente gráfica:

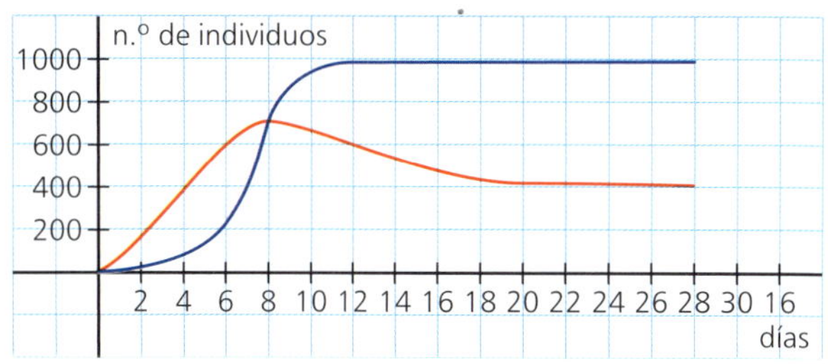

a. Calcula la TVM de ambas especies entre los días 0 y 4, por un lado, y 4 y 8, por otro. Explica los resultados apoyándote en la gráfica.

b. Halla la TVM de ambas especies entre los días 0 y 12. Explica los resultados apoyándote en la gráfica.

REPASO FINAL

CURVATURA Y PUNTOS DE INFLEXIÓN

20 Determina los intervalos de concavidad y convexidad y los puntos de inflexión de la función dada por la siguiente gráfica:

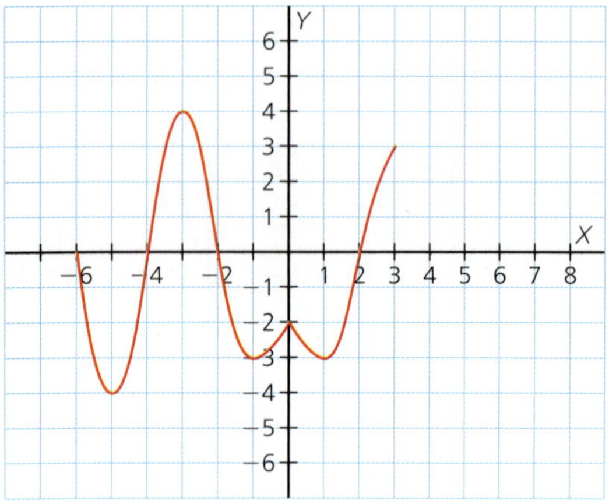

21 ⊕ Dibuja la gráfica de estas funciones.

a. Es cóncava en los intervalos $(-\infty , -2)$ y $(3 , +\infty)$. Es convexa en el intervalo $(-2 , 3)$. Tiene dos puntos de inflexión en los puntos $(-2 , 0)$ y $(3 , 2)$.

b. Es cóncava en $(-\infty , -3)$, $(-3 , 4)$ y $(4 , +\infty)$. No tiene puntos de inflexión.

ANÁLISIS, INTERPRETACIÓN Y DIBUJO DE GRÁFICAS

22 Analiza esta gráfica e indica las siguientes características de la función:

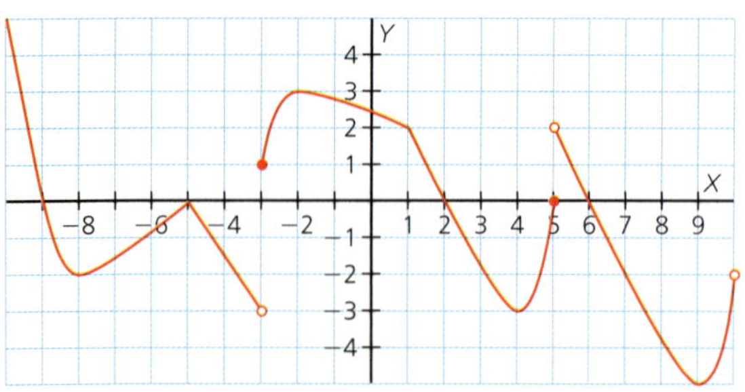

a. El dominio y el recorrido.

b. Los intervalos de crecimiento.

c. Los máximos y mínimos relativos, y los máximos y mínimos absolutos.

d. Los intervalos de concavidad y convexidad.

e. Los puntos de inflexión.

f. Las simetrías y la periodicidad.

23 La siguiente gráfica representa la temperatura de un enfermo durante sus 12 primeras horas de convalecencia:

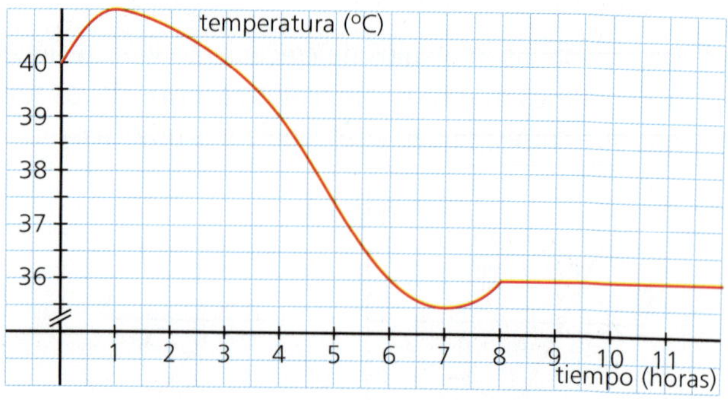

a. ¿Cuál es el dominio de esta función? Interpreta su significado.

b. ¿Cuál es su recorrido? Interpreta su significado.

c. ¿En qué momento tiene su temperatura máxima? ¿Y su temperatura mínima?

d. ¿En qué intervalos horarios crece la temperatura y en cuáles decrece?

e. ¿A qué hora su temperatura es regular y normal?

f. Realiza un pequeño informe que dé una interpretación general de los resultados.

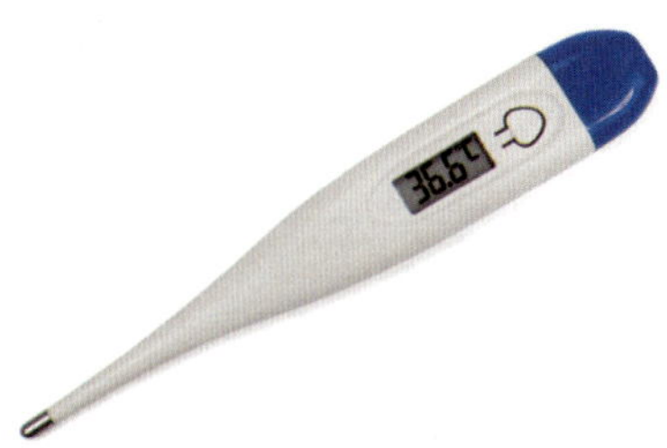

24 ⊕ Dibuja la gráfica de una función que verifique las siguientes condiciones:

- $D(f) = [-3 , 4)$ y $R(f) = (-\infty , 2]$
- Corta al eje X en los puntos $(-2 , 0)$ y $(1 , 0)$.
- Corta al eje Y en el punto $(0 , 1)$.
- Tiene un punto de discontinuidad de salto finito en $x = -2$, y la amplitud del salto es -1.
- Tiene un punto de discontinuidad evitable en $x = -1$.
- Tiene un punto de discontinuidad de salto infinito en $x = 0$.
- Es creciente en $(-2 , -1) \cup (-1 , 0) \cup (0 , 4)$.
- Es decreciente en el intervalo $(-3 , -2)$.
- $f(-3) = 2$, $f(-1) = 1$

EVALUACIÓN

25 Dibuja la gráfica de una función con estas características:

- D (f) = [–5 , +∞); R (f) = (–∞ , 3]
- Corta al eje *Y* en el punto (0 , 2) y al eje *X* en los puntos (–3 , 0) y (4 , 0).
- Es positiva en (–5 , –3) ∪ (–3 , 2) ∪ (2 , 4) y negativa en (4 , +∞).
- Es decreciente en (–5 , –3) ∪ (0 , 2) ∪ (3 , +∞) y creciente en (–3 , 0) ∪ (2 , 3).
- Tiene un mínimo relativo en (–3 , 0) y dos máximos relativos en (0 , 2) y (3 , 3).
- Es continua en su dominio salvo en $x = 2$, donde tiene una discontinuidad de salto finito de 2 unidades.
- Es cóncava en (–1 , 2) ∪ (2 , +∞) y convexa en (–5 , –1).
- f (–5) = 3 y f (2) = 2

¿Tiene la función algún máximo o mínimo absoluto?

26 El consumo de dos vehículos en función de la velocidad viene reflejado en la siguiente gráfica:

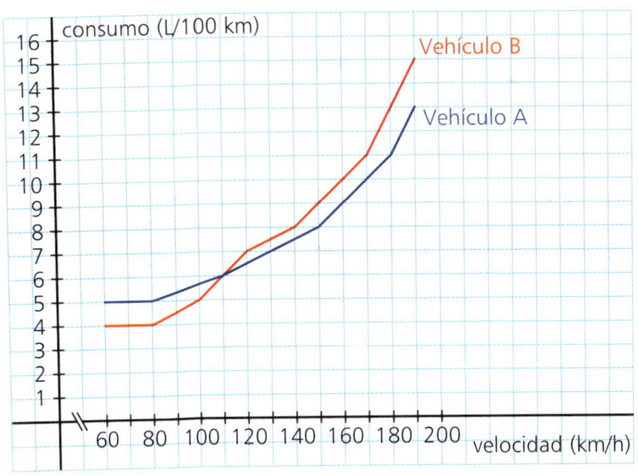

a. Si los vehículos circulan a una velocidad de entre 60 km/h y 80 km/h, ¿cuál es el más económico?

b. ¿Qué vehículo resultaría más rentable para la ciudad?

c. ¿A qué velocidad tienen los dos vehículos el mismo consumo?

d. ¿Cuál es la TVM de ambos vehículos entre 100 km/h y 120 km/h? Interpreta el resultado.

e. Se quiere seleccionar un vehículo para realizar grandes distancias por toda Europa, fundamentalmente en Alemania, donde existen autopistas sin límite de velocidad. ¿Cuál de los dos vehículos resultaría más rentable?

f. Para el vehículo B, ¿entre qué dos velocidades es el consumo muy elevado?

Considera la función cuya gráfica es la siguiente:

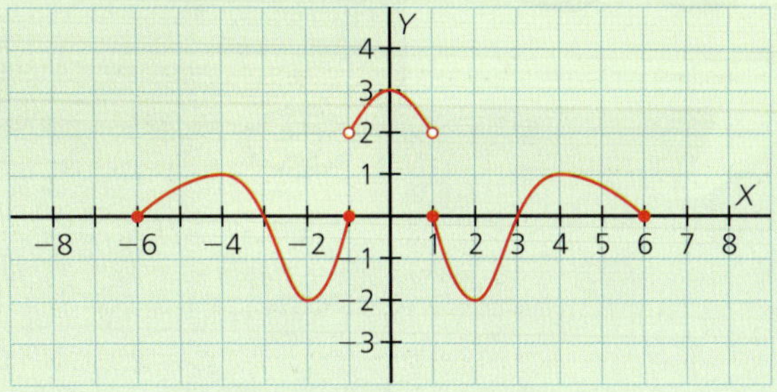

1 El dominio de definición es:

a. [–6 , 6] b. (–6 , 6) c. (–2 , 3) d. [–2 , 3]

2 El recorrido o imagen de la función es:

a. [–6 , 6] c. [–2 , 1] ∪ (2 , 3]

b. (–6 , 6) d. [–2 , 3]

3 Los puntos de corte con el eje *X* son:

a. (–3 , 0), (3 , 0)

b. (0 , 3)

c. (–6 , 0), (–3 , 0), (–1 ,0), (1 , 0), (3 , 0), (6 , 0)

d. (–2 , 0), (2 , 0)

4 La función es decreciente en los intervalos:

a. (–6 , –3) ∪ (3 , 6)

b. (–3 , –1) ∪ (1 , 3)

c. (–4 , –2) ∪ (2 , 4)

d. (–4 , –3) ∪ (0 , 1) ∪ (1 , 2) ∪ (4 , 6)

5 Los intervalos de convexidad de la función son:

a. (–6 , –3) y (3 , 6) c. (–6 , –4) y (–1 , 0)

b. (–3 , –1) y (1 , 3) d. (–6 , –3), (–1 , 1) y (3 , 6)

6 La función tiene:

a. Un punto de inflexión en (–3 , 0) y un máximo en (–4 , 1).

b. Un mínimo en (2 , –2) y un máximo en (–2 , 2).

c. Un punto de inflexión en (–4 , 1) y un máximo en (4 , 1)

d. Un máximo en (0 , 3) y un mínimo en (–3 , 0)

DIARIO DE APRENDIZAJE

Una vez estudiada la unidad, ¿con qué imágenes ilustraría yo la presentación?

06 Tipos de funciones

¿Puedo establecer alguna relación entre esta unidad y alguna anterior?

Observad la imagen e identificad en grupos, qué tipo de funciones aparecen representadas en la cancha de baloncesto.

Comentad también qué otros tipos de funciones conocéis así como las características de todas ellas.

01 Funciones lineales y afines

Al lado de las taquillas de un cine hay un panel en el que figuran los precios de las entradas por persona. Es posible mostrar en una tabla de valores el importe de la venta de distinto número de entradas, como puedes ver al margen.

x	1	2	3	4
y	6	12	18	24

Al guardar las dos variables, x e y, una relación de proporcionalidad directa, se pueden representar a través de una función.

Una **función lineal** o de **proporcionalidad directa** es aquella cuya expresión algebraica es de la forma $y = mx$, donde m recibe el nombre de constante de proporcionalidad o pendiente de la recta que la representa.

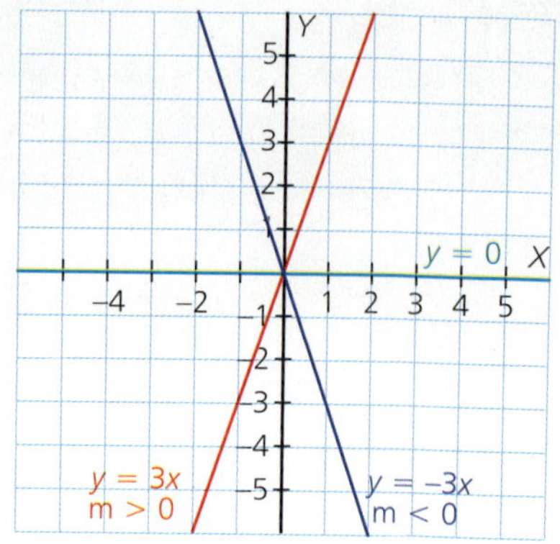

Funciones lineales con pendiente positiva, negativa y nula.

Las características principales de toda función lineal son las siguientes:

- Su dominio es ℝ.
- Su gráfica es una recta con pendiente m que pasa por el origen, (0 , 0):
  - Si **m > 0,** la función es **creciente** en ℝ.
  - Si **m < 0,** la función es **decreciente** en ℝ.
  - Si **m = 0,** la función es **constante,** $y = 0$.
- La constante de proporcionalidad o pendiente de una función lineal que pasa por un punto, (a , b), distinto del origen es:

$$m = \frac{b}{a}$$

Una **función afín** es aquella cuya expresión algebraica es una ecuación de la forma $y = mx + n$, donde m recibe el nombre de constante de proporcionalidad o pendiente de la recta que representa, y n es la ordenada en el origen.

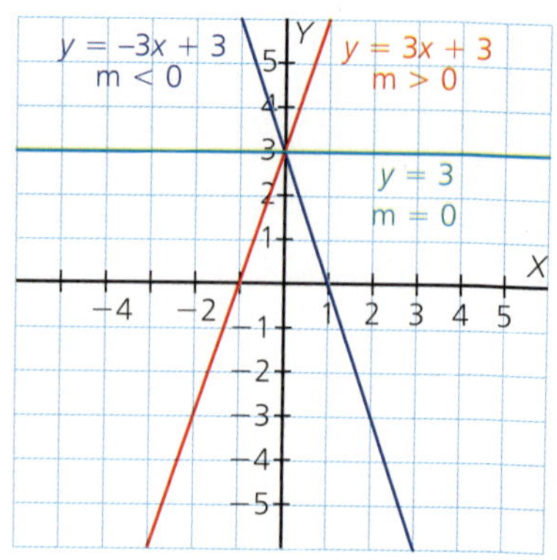

Funciones afines con pendiente positiva, negativa y nula.

Las características principales de toda función afín son las siguientes:

- Su dominio es ℝ.
- Su gráfica es una recta con pendiente m que pasa por el punto (0 , n):
  - Si **m > 0,** la función es **creciente** en ℝ.
  - Si **m < 0,** la función es **decreciente** en ℝ.
  - Si **m = 0,** la función es **constante.** (Se trataría de la función $y = n$, cuya gráfica es una recta horizontal).
- La constante de proporcionalidad o pendiente de una función afín que pasa por los puntos (x_1, y_1) y (x_2, y_2) viene dada por:

$$m = \frac{y_2 - y_1}{x_2 - x_1}$$

ACTIVIDADES

1 Determina si las siguientes funciones son lineales o afines; crecientes o decrecientes y dibuja su gráfica:

a. $f(x) = 3$

b. $f(x) = -\frac{1}{2}x + 5$

c. $f(x) = -7x$

d. $f(x) = 5x - \frac{3}{4}$

ACTIVIDAD RESUELTA

2 Halla la expresión algebraica de la función cuya gráfica es una recta que pasa por los puntos (3 , 3) y (2 , 6) y determina si se trata de una función lineal o afín.

Como es una recta que pasa por (3 , 3) y (2 , 6), la pendiente de la recta es $m = \frac{6-3}{2-3} = -3$ y la ecuación de la función, $y = -3x + n$.

Si la ordenada en el origen fuese 0, entonces se trataría de una función lineal; en caso contrario, sería una función afín.

Para hallar la ordenada en el origen, se elige uno de los dos puntos conocidos, (3 , 3), y se sustituye en la ecuación:

$$y = -3x + n \Rightarrow 3 = -3 \cdot 3 + n \Rightarrow n = 12$$

Por tanto, la expresión algebraica de la función es:

$$y = -3x + 12$$

Se trata, en consecuencia, de una función afín, cuya ordenada en el origen es (0 , 12).

3 Encuentra, en cada caso, la expresión algebraica de la función lineal cuya gráfica pasa por los puntos:

a. (4 , 7)

b. (–3 , 8)

c. $\left(-4, \frac{1}{4}\right)$

d. $\left(3, -\frac{7}{3}\right)$

4 Halla la expresión algebraica de la función cuya gráfica es una recta que pasa por los siguientes puntos:

a. (1 , 8) y (–1 , –2)

b. (2 , 2) y (5 , –7)

c. (6 , 3) y (4 , 2)

d. $\left(-3, \frac{30}{7}\right)$ y $\left(1, -\frac{22}{21}\right)$

5 Halla las expresiones algebraicas de las funciones:

a.

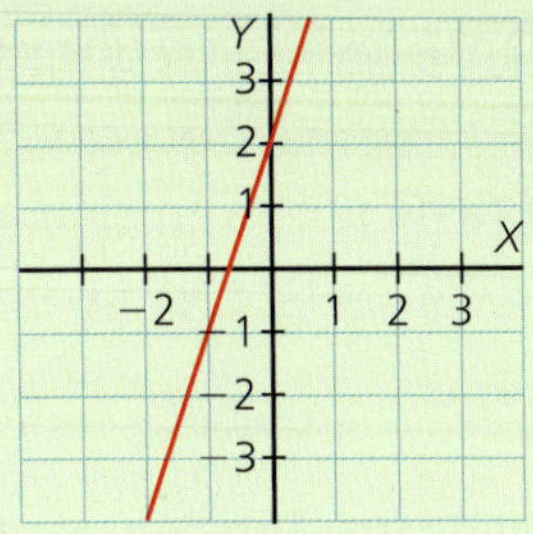

b.

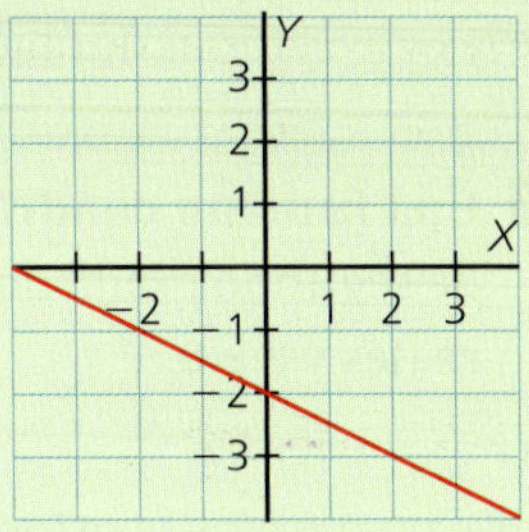

6 Busca, en cada caso, la expresión algebraica de la función que cumple las siguientes condiciones, indicando, además, si es lineal o afín:

a. Su gráfica es una recta cuya pendiente es m = –3 y que pasa por el punto (1 , 5).

b. Su gráfica es una recta que pasa por los puntos (1 , 3) y (4 , 3).

c. Su gráfica es una recta paralela a la recta $y = 4x - 2$ y que pasa por el punto (4 , –1).

d. Su gráfica es una recta que pasa por el punto (1 , 1) y es paralela a la recta que pasa por los puntos (1 , 4) y (6 , –3).

7 Relaciona cada expresión algebraica con su gráfica:

a. $y = 2x + 5$

b. $y = -2x + 5$

c. $y = 2x$

d. $y = -2x$

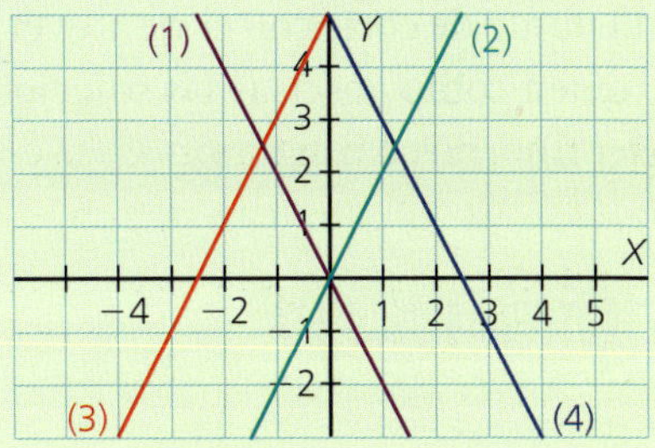

8 En una ciudad operan dos compañías de taxis diferentes. La compañía m-taxi cobra 3 € por la bajada de bandera y 1,5 € por cada minuto. La compañía s-taxi no cobra bajada de bandera, pero cuesta 2,5 € por minuto.

a. Escribe las expresiones algebraicas de las funciones que determinan el coste por el uso de taxis de ambas compañías en función del tiempo.

b. Representa dichas funciones sobre los mismos ejes de coordenadas.

c. Para un recorrido que dura menos de 5 min, ¿cuál de las dos compañías es más rentable para el consumidor?

d. A partir de qué tiempo resulta más rentable económicamente una compañía que otra.

02 Funciones cuadráticas

Una de las aplicaciones más comunes de las funciones cuadráticas es el estudio de las trayectorias de objetos lanzados hacia arriba y con un ángulo determinado.

Una **funcion cuadrática** tiene por expresión algebraica un polinomio de segundo grado de la forma $y = ax^2 + bx + c$, donde a, b y c son números reales y $a \neq 0$.

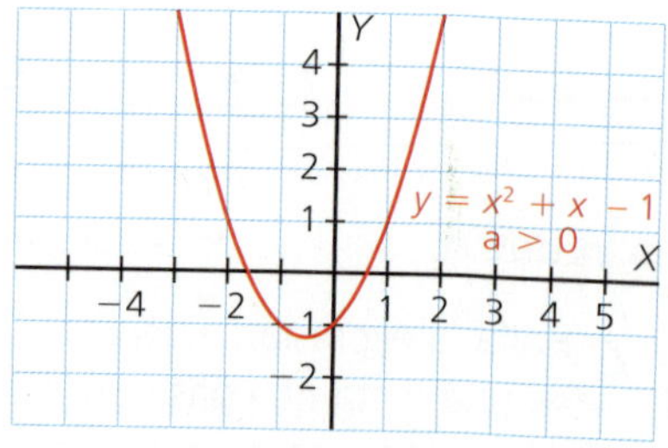

Función cuadrática con a > 0.

Las características principales de una función cuadrática son las siguientes:

- Su dominio es el conjunto de los números reales.
- Es continua en todo su dominio.
- Su representación gráfica es una parábola, donde el vértice de la parábola tiene por coordenadas (x_v, y_v):

$$x_v = \frac{-b}{2a} \text{ e } y_v = f(x_v) = a\left(\frac{-b}{2a}\right)^2 + b\left(\frac{-b}{2a}\right) + c$$

- El eje de simetría de la parábola es la recta $x = \frac{-b}{2a}$.
- Si $a > 0$, las ramas de la parábola apuntan hacia arriba, tiene un mínimo absoluto en su vértice y su recorrido es el intervalo $(y_v, +\infty)$. Si $a < 0$, las ramas de la parábola apuntan hacia abajo, tiene un máximo absoluto en su vértice y su recorrido es el intervalo $(-\infty, y_v)$.
- El punto de corte con el eje Y es el punto $(0, c)$ y los puntos de corte con el eje X tienen como abscisas las soluciones de la ecuación $ax^2 + bx + c = 0$ y pueden ser uno, dos o ninguno.

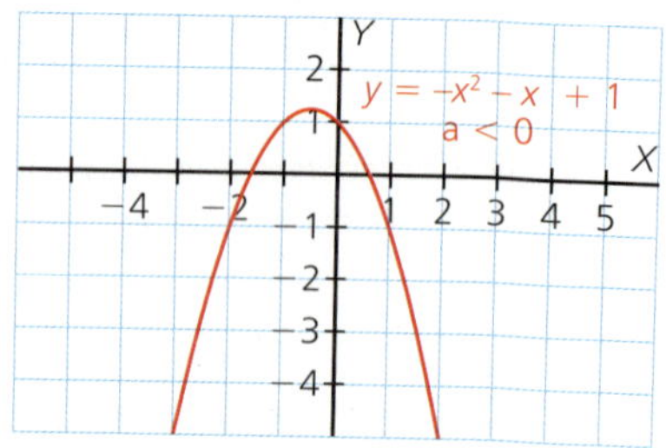

Función cuadrática con a < 0.

ACTIVIDAD RESUELTA

Analiza las características de la función $f(x) = x^2 - 5x + 6$ y represéntala.

- Su dominio es todo el conjunto de los números reales y es continua en él.
- Como $a = 1 > 0$, las ramas de la parábola apuntan hacia arriba.
- Su representación gráfica es una parábola que tiene como vértice $\left(\frac{5}{2}, \frac{-1}{4}\right)$.
- El eje de simetría de la parábola es la recta $x = \frac{5}{2}$.
- Tiene un mínimo absoluto en su vértice $\left(\frac{5}{2}, \frac{-1}{4}\right)$, por lo que decrece en $\left(-\infty, \frac{5}{2}\right)$ y crece en $\left(\frac{5}{2}, +\infty\right)$.
- Su recorrido es el intervalo $\left(\frac{-1}{4}, +\infty\right)$.
- Corta al eje Y es el punto $(0, 6)$ y al eje X en $(3, 0)$ y $(2, 0)$.

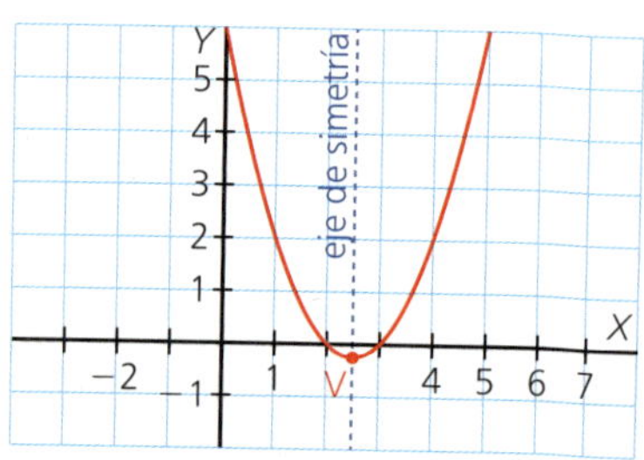

ACTIVIDADES

9 Calcula el vértice y el eje de simetría de las siguientes funciones cuadráticas:

a. $y = x^2 - 3x + 2$

b. $y = -2x^2 + x - 2$

c. $y = x^2 - 4x + 8$

d. $y = x^2 + 4x + 3$

10 Halla el recorrido, crecimiento, decrecimiento y puntos de corte con los ejes de las siguientes funciones:

a. $y = -x^2 + 2x$

b. $y = -x^2 + 6x - 10$

c. $y = -2x + x^2$

d. $y = 2x^2 - 14x + 20$

11 Dibuja una parábola que verifique las condiciones propuestas y contesta a las preguntas.

- Tiene un máximo en (1 , 1).
- Corta al eje *X* en los puntos (0 , 0) y (2 , 0).
- Corta al eje *Y* en el punto (0 , 0).

a. ¿Cuál es el eje de simetría de la parábola?

b. ¿Cuál es el recorrido de la función?

c. Indica sus intervalos de crecimiento y decrecimiento.

12 Una función cuadrática tiene su máximo en el punto (2 , –1) y corta al eje *Y* en el punto (0 , –4).

a. ¿Cuál es su eje de simetría?

b. Determina su recorrido.

c. ¿Cómo es la orientación de la parábola?

d. ¿Cuántos puntos de corte tiene con el eje de abscisas?

13 Determina el vértice, el eje de simetría y los puntos de corte con los ejes de las siguientes parábolas:

a.

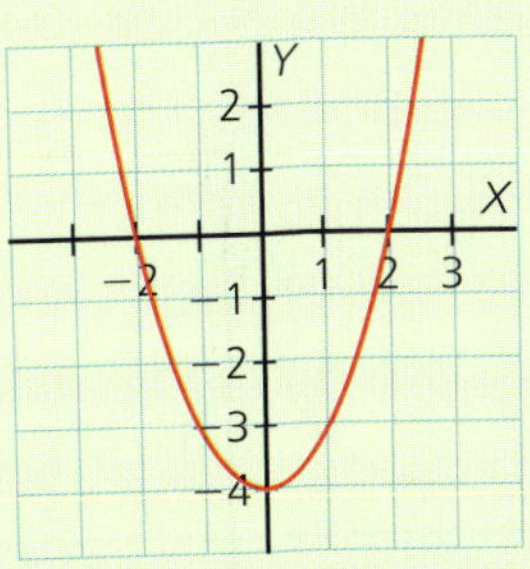

b.

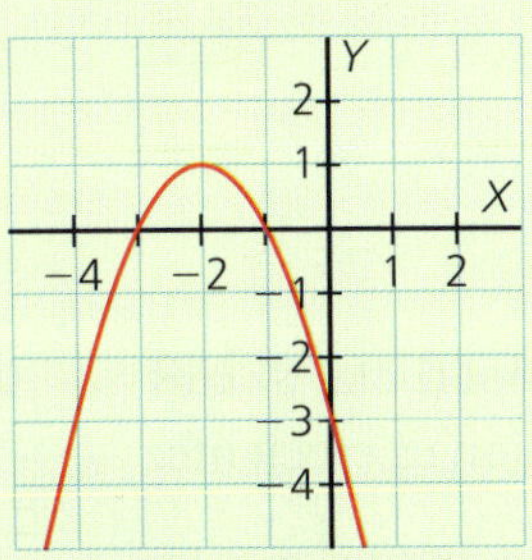

14 Representa gráficamente una función cuadrática que corte al eje *X* en los puntos (–2 , 0) y (1 , 0) y pase por el punto (2 , –14).

15 Determina el valor de *m* y *n* para que la parábola $y = (x + m)^2 - 5$ tenga el vértice en (–3 , n).

16 Representa gráficamente las siguientes funciones cuadráticas:

a. $y = x^2 + 10x + 21$

b. $y = x^2 - x + \frac{11}{4}$

c. $y = x^2 - 3x + \frac{5}{4}$

d. $y = x^2 - 8x + 12$

e. $y = -x^2 + 10x - 24$

f. $y = 6x - x^2$

ACTIVIDAD RESUELTA

17 Determina la expresión algebraica de la función cuadrática que pasa por los puntos (0 , 0), (4 , 0) y (2 , –4).

La expresión algebraica de una función cuadrática es:

$$y = ax^2 + bx + c$$

Como pasa por esos tres puntos, se verifican las siguientes ecuaciones:

$$\begin{cases} 0 = a \cdot 0^2 + b \cdot 0 + c \\ 0 = a \cdot 4^2 + b \cdot 4 + c \\ -4 = a \cdot 2^2 + b \cdot 2 + c \end{cases} \Rightarrow \begin{cases} 0 = c \\ 0 = 16a + 4b + c \\ -4 = 4a + 2b + c \end{cases}$$

Resolviendo el sistema, se obtienen como valores a = 1, b = –4 y c = 0; luego, la ecuación es:

$$y = x^2 - 4x$$

18 Determina las expresiones algebraicas de las funciones cuadráticas cuyas gráficas vienen dadas por:

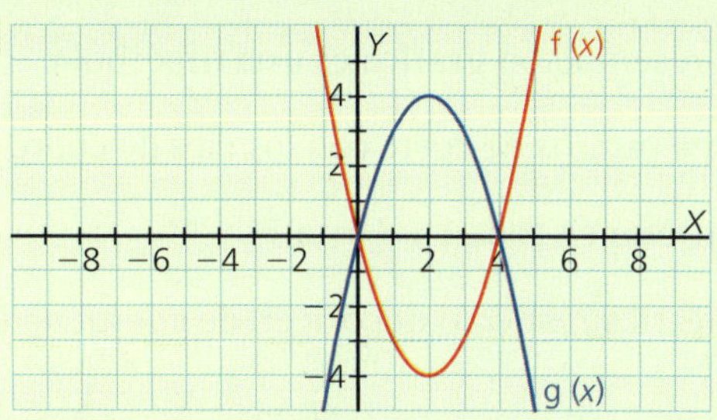

19 Halla la parábola que pasa por el punto (1 , 4) y corta al eje de abscisas en $x = -2$ y $x = 3$.

20 Los gastos anuales, en euros, de cierta empresa por la fabricación de *x* televisores vienen determinados por la función $G(x) = 10\,000 + 150x$. Por otro lado, los ingresos, también en euros, que obtiene dicha empresa por la venta de *x* televisores son $I(x) = 500x - 0{,}5x^2$. ¿Cuántos televisores deben fabricarse para que el beneficio (ingresos menos gastos) sea máximo? ¿Cuál será ese beneficio máximo?

03 Funciones de proporcionalidad inversa

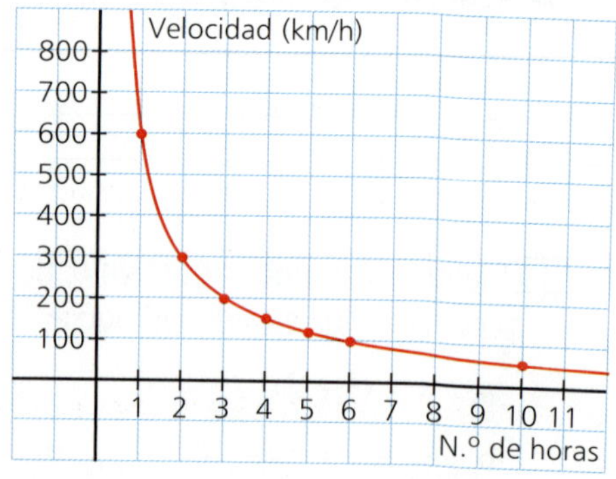

Un coche ha tardado 5 h en hacer cierto recorrido circulando a una velocidad media de 120 km/h. ¿Qué velocidad media habría mantenido dicho vehículo si hubiera realizado el mismo trayecto en 10 h?

Se trata de un problema que relaciona dos magnitudes inversamente proporcionales, el tiempo y la velocidad. Teniendo en cuenta que el espacio recorrido es el mismo, la relación que guardan estas magnitudes es la siguiente:

$$5 \cdot 120 = 10 \cdot y \Rightarrow \frac{5 \cdot 120}{10} = \frac{600}{10} = 60$$

El espacio recorrido en ambos casos es 600 km. Las dos magnitudes consideradas x (número de horas) e y (velocidad en km/h), verifican la relación $x \cdot y = 600$, es decir, $y = \frac{600}{x}$. Al dar valores se obtiene la siguiente tabla:

N.º de horas	1	2	3	4	5	6	10
Velocidad (km/h)	600	300	200	150	120	100	60

Y al representar esos valores, se obtiene la gráfica de una función de proporcionalidad inversa representada en el margen.

La **funcion de proporcionalidad inversa** tiene como expresión algebraica $y = \frac{k}{x}$, donde $k \neq 0$ y se denomina constante de proporcionalidad inversa de la variable x respecto de la variable y.

Las principales características de una función de proporcionalidad inversa son:

- Su dominio y su recorrido es $\mathbb{R} - \{0\}$.
- Su representación gráfica es una hipérbola.
- No tiene puntos de corte con los ejes de coordenadas.
- Es continua en todo su dominio.
- Es simétrica respecto del origen de coordenadas, ya que:

$$f(-x) = \frac{k}{-x} = -\frac{k}{x} = -f(x)$$

- El signo del coeficiente k determina el crecimiento de la hipérbola. Si k es positivo, la función es decreciente, y si k es negativo, la función es creciente.
- Si x toma valores próximos a cero, $f(x)$ tiene valores muy alejados de cero. La hipérbola se aproxima a la recta $x = 0$ sin llegar a tocarla. Se dice que $x = 0$ es una asíntota vertical.
- Si x toma valores muy grandes, la función se aproxima a la recta $y = 0$ sin llegar a tocarla. Se dice que $y = 0$ es una asíntota horizontal.
- No tiene máximos ni mínimos locales.

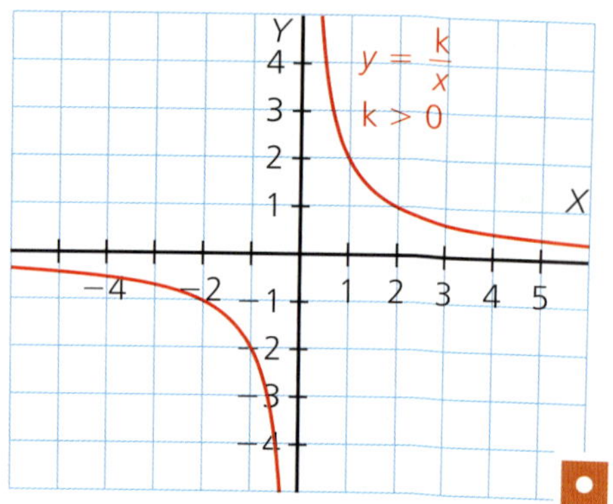

Si **k > 0,** la hipérbola es decreciente. Su gráfica se encuentra en el 1.er y 3.er cuadrante.

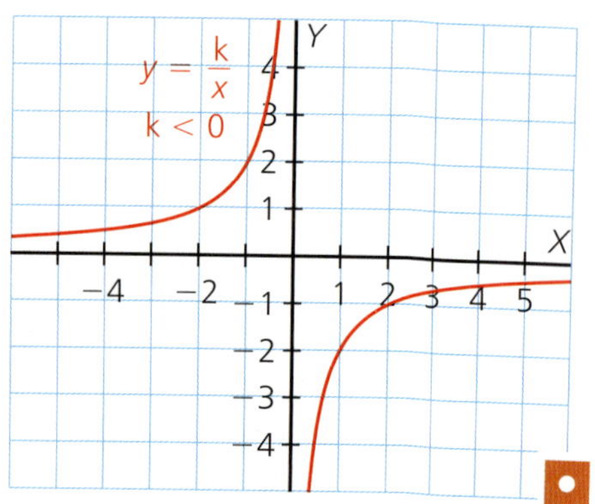

Si **k < 0,** la hipérbola es creciente y su gráfica se encuentra en el 2.º y 4.º cuadrante.

ACTIVIDADES

21 Representa con detalle la función $y = \frac{18}{x}$ para valores positivos de x. Construye una tabla y da a x los valores 1, 2, 3, 6, 9 y 18.

22 Dibuja sobre los mismos ejes de coordenadas las funciones $y = \frac{3}{x}$, $y = \frac{4}{x}$ e $y = \frac{5}{x}$. ¿Cuál de ellas está más alejada del origen de coordenadas?

23 Representa sobre los mismos ejes de coordenadas las funciones $y = \frac{2}{x}$ e $y = -\frac{2}{x}$. Observa y compara sus gráficas.

24 Dibuja la función $y = \frac{8}{x}$ a partir de una tabla de valores para $x = \pm 1$, $x = \pm 2$, $x = \pm 4$ y $x = \pm 8$.

ACTIVIDAD RESUELTA

25 A partir de la función que se representa en la figura:

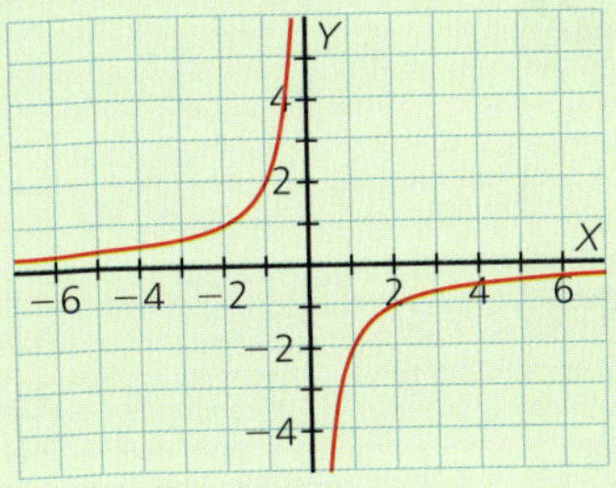

a. Estudia sus características.

b. Determina su expresión algebraica.

a. D (f) = ℝ − {0}

R (f) = ℝ − {0}

Se trata de una hipérbola.

No corta a los ejes en ningún punto.

Es una función creciente en todo su dominio.

Es una función continua en su dominio.

No tiene máximos ni mínimos locales.

Tiene una asíntota vertical en $x = 0$.

Tiene una asíntota horizontal en $y = 0$.

b. Como se trata de una hipérbola es una función de proporcionalidad inversa que pasa por (−2 , 1), (1 , −2), …, por lo que la constante de proporcionalidad es:

$$k = x \cdot y = -2$$

Luego su expresión algebraica es: $y = -\frac{2}{x}$

26 Halla la expresión algebraica de las funciones f (*x*), g (*x*), h (*x*) y j (*x*) representadas a continuación sobre los mismos ejes de coordenadas:

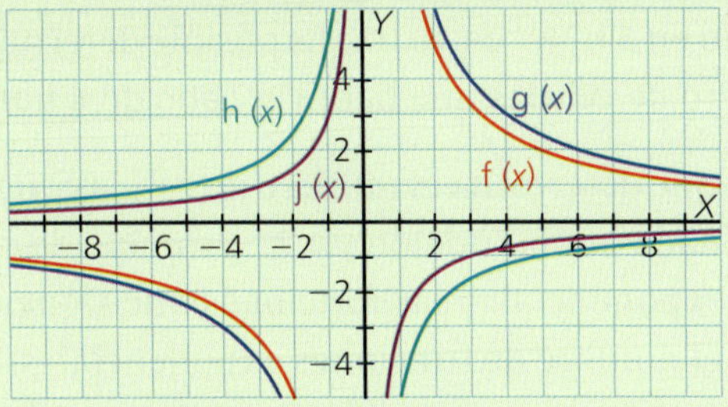

27 Calcula, en cada caso, la expresión algebraica de la función de proporcionalidad inversa que pasa por:

a. (5 , 12) **b.** (7 , −10) **c.** (−8 , −9)

28 Estudia las características de las siguientes funciones de proporcionalidad inversa:

a. $y = -\frac{30}{x}$ **b.** $y = \frac{15}{x}$ **c.** $y = \frac{25}{x}$

29 El producto de dos números, *x* e *y*, es 25.

a. Determina la expresión algebraica de la función que representa esta propiedad entre números.

b. Representa gráficamente la función.

30 Una comunidad de vecinos paga 6 000 € a una empresa para que realice una reparación en la escalera del edificio. Este importe se repartirá a partes iguales entre los trabajadores de la empresa que lleven a cabo el trabajo.

a. Copia en tu cuaderno y completa la siguiente tabla que relaciona el número de trabajadores con el dinero que recibe cada uno:

N.º de trabajadores	1	2	3	4	5	6
Euros que recibe cada uno						

b. Construye la expresión analítica de la función que relaciona dichas magnitudes.

31 Se quiere construir todos los rectángulos que tengan 40 cm² de área.

a. Determina la expresión algebraica que establece la relación entre la base y la altura de todos los rectángulos que tienen 40 cm² de área.

b. Representa gráficamente dicha relación en el primer cuadrante.

04 Funciones exponenciales

Una célula se reproduce por bipartición cada hora. Esto supone que el número de células después de la primera hora es 2, al final de la segunda hora es $2^2 = 4$, en la tercera hora es $2^3 = 8$, y así indefinidamente. ¿Cuántas células se habrán generado en 5 h? ¿Y en 10 h? ¿Es posible determinar una regla que proporcione el número de células que habrá al cabo de *n* horas?

x (n.° de horas)	*y* (n.° de células)
0	$2^0 = 1$
1	$2^1 = 2$
2	$2^2 = 4$
3	$2^3 = 8$
...	...
n	2^n

La regla que determina el número de células que habrá al cabo de *n* horas viene determinada por la función $y = 2^n$. Este tipo de crecimiento se denomina crecimiento exponencial, y las funciones que siguen este tipo de comportamiento reciben el nombre de funciones exponenciales.

La **función exponencial** es una función cuya expresión algebraica es de la forma $y = a^x$, donde *a* es un número real positivo distinto de 1 ($a > 0$, $a \neq 1$).

ACTIVIDAD RESUELTA

Analiza las características de la función exponencial $y = 3^x$ y represéntala.

- Dominio: la operación 3^x se puede realizar para cualquier valor real que tome la variable *x*, por lo que el dominio es el conjunto $\mathbb{R}$.
- Se confecciona una tabla de valores con objeto de observar el comportamiento de la función con distintos valores de *x:*

x	−3	−2,5	−1,5	−1	−0,5	0	0,5	1	1,5	2,5	3
y	0,037	0,064	0,192	0,333	0,577	1	1,732	3	5,196	15,588	27

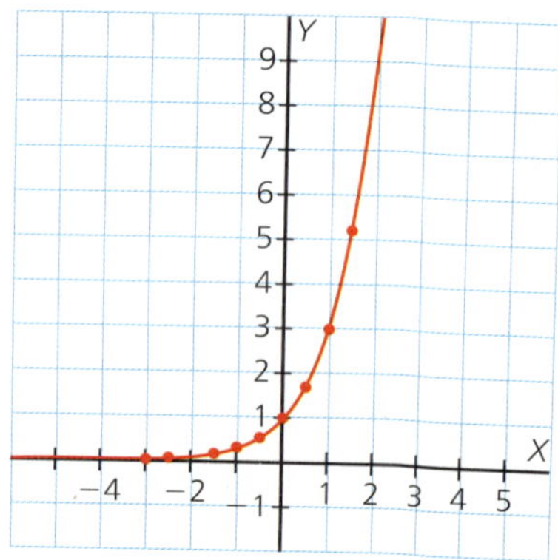

- Al representar estos valores, se observa que:
  - Su recorrido es el conjunto de los números reales positivos.
  - Es una función continua y creciente en su dominio.
  - Pasa por los puntos (0 , 1) y (1 , 3).
  - Cuando *x* toma valores negativos muy alejados del cero, la función se aproxima a cero, es decir, $y = 0$ es una asíntota horizontal por la izquierda.

Por tanto, se deduce que las **funciones exponenciales del tipo $f(x) = a^x$, donde $a > 1$,** tienen las siguientes características:

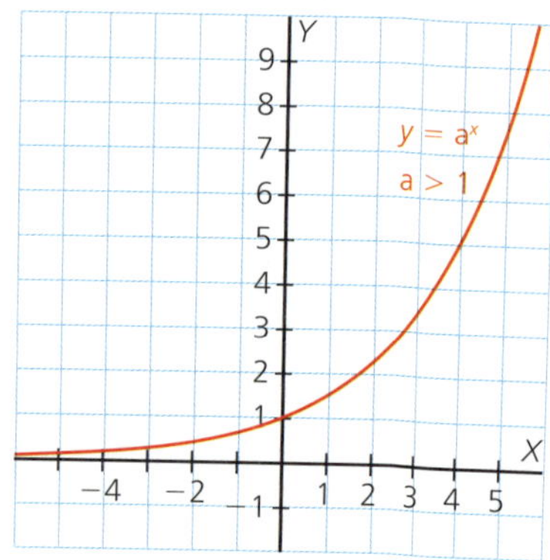

- Su dominio es todo $\mathbb{R}$ y su recorrido es el intervalo $(0 , +\infty)$.
- Es una función continua y creciente en todo $\mathbb{R}$.
- Siempre pasa por el punto (1 , a) y corta al eje de ordenadas en el punto (0 , 1).
- La función no tiene máximos ni mínimos locales.

Considera ahora la función exponencial $y = \left(\frac{1}{2}\right)^x$. Asignando valores, se confecciona la siguiente tabla y, representando luego estos datos, se obtiene la gráfica:

x	y
0	1
1	0,5
2	0,25
3	0,125
4	0,0625
5	0,03125

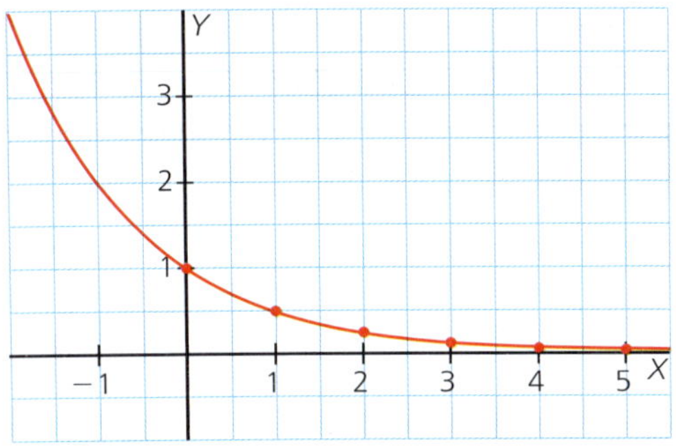

De esta forma, todas las **funciones exponenciales del tipo f (*x*) = a^x, donde 0 < a < 1,** presentan las siguientes características:

- Su dominio es todo ℝ y su recorrido es el intervalo (0 , +∞).
- Es una función continua y decreciente en todo ℝ.
- Pasa por el punto (0 , 1), cortando al eje de ordenadas.
- Siempre pasa por el punto (1 , a).
- La función no tiene máximos ni mínimos locales.

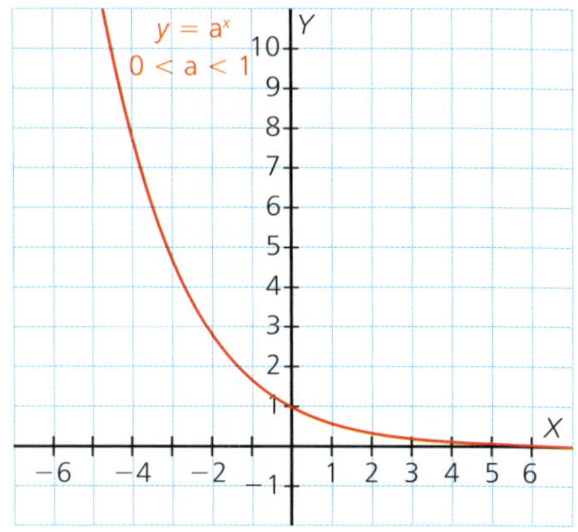

ACTIVIDADES

ACTIVIDAD RESUELTA

32 Realiza la tabla de valores de la siguiente función exponencial y represéntala: $y = 6^x$

Se construye la siguiente tabla de valores:

x	−3	−2	−1	0	1	2	3
y	0,005	0,028	0,167	1	6	36	216

Se dibujan los puntos en los ejes y, teniendo en cuenta que a = 6 > 1 es una función continua, creciente y con asíntota en $y = 0$, se unen los puntos y queda la siguiente gráfica:

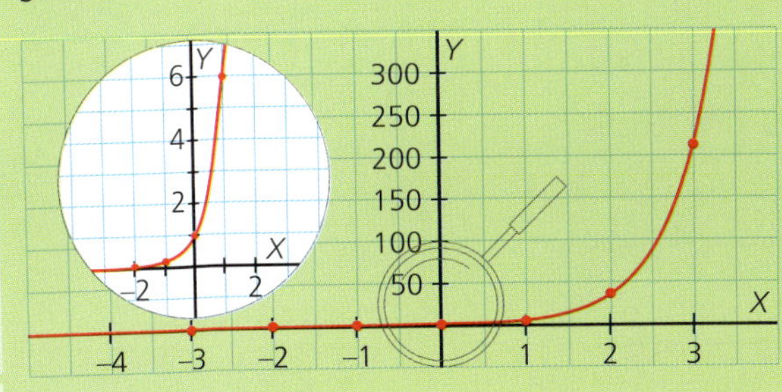

33 Calcula las imágenes de la función exponencial $y = -2^{-x}$ para los siguientes valores de x: $x = -4$, $x = -3$, $x = -2$, $x = -1$, $x = 0$, $x = 1$, $x = 2$, $x = 3$ y $x = 4$. Construye una tabla de valores y representa la función.

34 Realiza una tabla de valores y representa las funciones: $y = 5^x$ e $y = \left(\frac{1}{5}\right)^x$ sobre los mismos ejes de coordenadas. ¿Observas alguna relación entre sus gráficas?

35 Representa la función $y = 3^x$ y utiliza dicha representación para dibujar la gráfica de las funciones $y = 3^x + 1$ e $y = 3^x - 1$.

36 Identifica cada gráfica con la expresión algebraica que le corresponde.

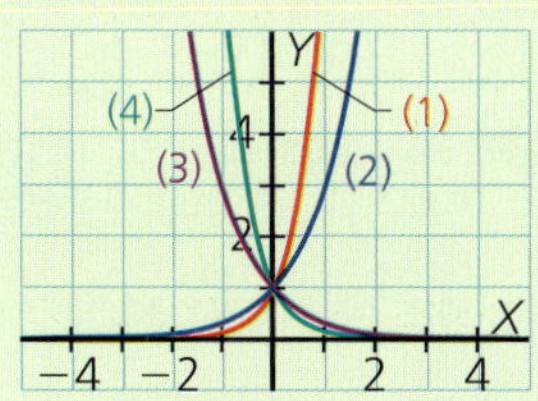

a. $y = 8^x$ **b.** $y = 3^x$ **c.** $y = \left(\frac{1}{8}\right)^x$ **d.** $y = \left(\frac{1}{3}\right)^x$

05 Funciones en la vida cotidiana

A diario es posible encontrar numerosas relaciones entre magnitudes que pueden ser formalizadas mediante algún tipo de función: lineal, afín, cuadrática, de proporcionalidad inversa o exponencial. En los siguientes ejemplos se muestran situaciones cotidianas modelizadas por cada una de estas funciones elementales.

Funciones lineales

ACTIVIDAD RESUELTA

En la parte exterior de un paquete de folios de tamaño DIN A4 se indica la masa de sus hojas: 80 g por metro cuadrado. Teniendo en cuenta que 1 m^2 es la superficie que tiene la hoja DIN A0, y que la de la hoja DIN A1 es la mitad que la de la hoja de DIN A0, y la de la hoja DIN A2, la mitad que la de la hoja DIN A1, y así sucesivamente, contesta a las siguientes preguntas:

a. ¿Cuántos gramos corresponden a una hoja DIN A4?

b. ¿Y a 2 hojas DIN A4? ¿Y a 10 hojas?

c. Establece la función que relaciona el número de hojas DIN A4 y su masa en gramos.

d. ¿Cuál es el dominio y el recorrido de esta función en el contexto del problema?

e. Realiza una representación gráfica de la función.

a. Se establece una relación de proporcionalidad directa:

1 hoja DIN A0 = 2 hojas DIN A1 = 4 hojas DIN A2 =
= 8 hojas DIN A3 = 16 hojas DIN A4

Por proporcionalidad directa se tiene que:

$$\frac{16}{80} = \frac{1}{x} \Rightarrow x = \frac{80}{16} = 5$$

Luego, una hoja DIN A4 tiene una masa de 5 g.

b. Analogamente:

2 DIN A4 = 10 g

10 DIN A4 = 50 g

c. La función sería $y = 5x$, donde y representa la masa de la hojas, en gramos, y x el número de hojas DIN A4.

d. D (f) = $[0, +\infty)$ si se tiene en cuenta la posibilidad de coger trocitos de hojas.

R (f) = $[0, +\infty)$, ya que la masa de las hojas de papel sería mayor o igual que cero.

e. En el caso del apartado anterior, la representación gráfica de la función sería la figura A.

Por otro lado, si solo se considera la posibilidad de tomar hojas sueltas, el dominio sería: D (f) = {0, 1, 2, ...}

La representación gráfica de la función de este segundo caso se muestra en la figura B.

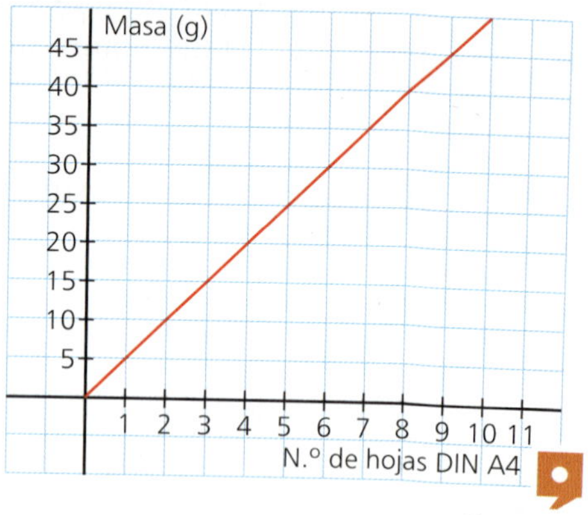

Figura A

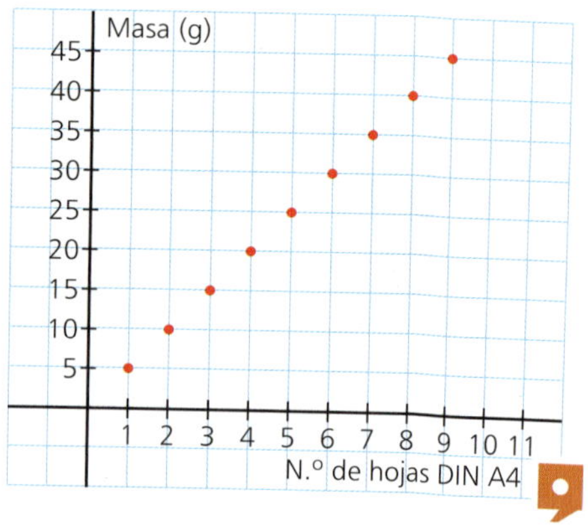

Figura B

Funciones afines

ACTIVIDADES RESUELTAS

1 A nivel del mar, el punto de ebullición del agua es de 100 °C. Cuando se asciende, el punto de ebullición disminuye en función de la altura con arreglo a la siguiente fórmula: $t = 100 - 0{,}001x$, donde t es la temperatura del punto de ebullición, en grados centígrados, y x la altura alcanzada, en metros.

a. ¿Cuál es el punto de ebullición a 1 000 m de altitud?

b. ¿Cuál es el punto de ebullición en la cima del Everest (8 848 m)? ¿Y en la del Teide (3 718 m)?

c. ¿A qué altura será la temperatura de ebullición de 97 °C?

d. Representa la gráfica de la función que establece la relación entre la altura y el punto de ebullición.

a. Para $x = 1\,000$, la temperatura de ebullición es: $t = 100 - 0{,}001 \cdot 1\,000 = 99$ °C

b. Para $x = 8\,848$ m, la temperatura es: $t = 100 - 0{,}001 \cdot 8\,848 = 91{,}15$ °C

Para $x = 3\,718$ m, la temperatura es: $t = 100 - 0{,}001 \cdot 3\,718 = 96{,}28$ °C

c. Si $t = 97$, se resuelve la ecuación: $97 = 100 - 0{,}001 \cdot x \Rightarrow x = 3\,000$

Por tanto, para alcanzar una temperatura de ebullición de 97 °C, hay que estar a 3 000 m de altitud.

d. La tabla de valores y la gráfica de la función se pueden observar en el margen.

Altura (m)	0	1 000	2 000	3 000
Temperatura ebullición (°C)	100	99	98	97

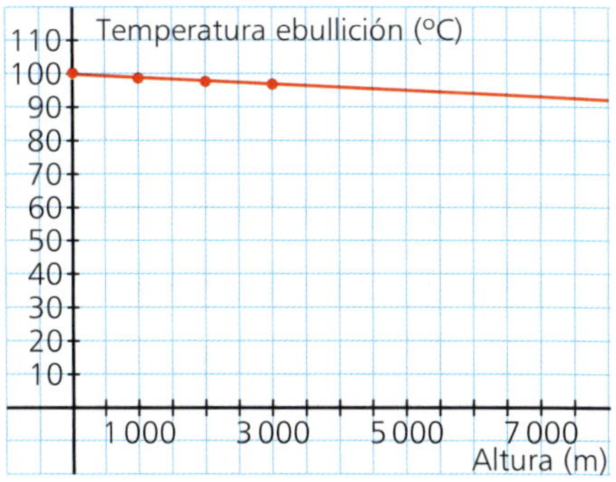

2 La factura de la electricidad que ha recibido una familia en el último mes se desglosa en tres conceptos: una cantidad llamada término fijo por un importe de 18 €, un importe también fijo de potencia de 13 € y, finalmente, el consumo de 0,141 09 €/kWh.

a. Halla la ecuación de la función correspondiente. ¿Es una función lineal? ¿Y afín?

b. ¿Tiene sentido calcular un valor negativo para los kilovatios hora?

c. Si el último mes la factura de la electricidad ha sido de 69,8 €, ¿cuántos kilovatios hora ha consumido la familia de nuestro ejemplo?

d. Construye una tabla de valores que permita conocer el precio por los siguientes consumos: 0 kWh, 50 kWh, 100 kWh, 150 kWh y 200 kWh, y represéntala.

a. La ecuación de la función es: $y = 31 + 0{,}141\,09 \cdot x$

Se trata de una función afín.

b. No tienen sentido valores negativos de consumo de kilovatios hora.

c. Resolviendo $69{,}8 = 31 + 0{,}141\,09x$, se obtiene como solución $x = 275$. Luego, la familia ha consumido 275 kWh en el último mes.

d. La tabla de valores (*x:* consumo (kWh); *y:* precio (€)) y la representación gráfica son las del margen.

x (kWh)	0	50	100	150	200
y (€)	31	38,054 5	45,109	52,163 5	59,218

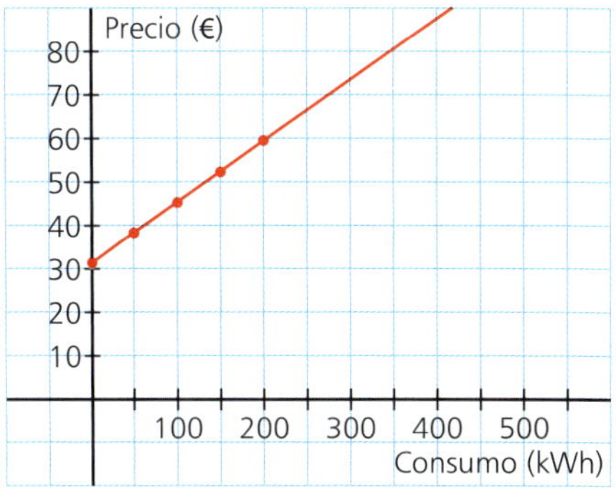

Funciones cuadráticas

ACTIVIDAD RESUELTA

Los gastos anuales de una empresa, en euros, por fabricar x automóviles vienen dados por la función G $(x) = 10\,000 + 4\,000x$. Por otro lado, los ingresos, también en euros, derivados de la venta de x automóviles son I $(x) = 8\,000x - 20x^2$. Si se venden todos los vehículos fabricados:

a. ¿Qué beneficio se obtiene si no se fabrica ningún vehículo? Interpreta el resultado.

b. ¿Cuántos vehículos deberán fabricarse para que el beneficio sea máximo? ¿Qué beneficio máximo se obtiene?

c. ¿Cuál es el dominio de la función de los beneficios?

a. La función de los beneficios es: B $(x) = $ I $(x) - $ G $(x) = -20x^2 + 4\,000x - 10\,000$

Por lo que el beneficio por no fabricar ningún vehículo será: B $(0) = -10\,000$

Se pierden 10 000 €.

b. El beneficio máximo se obtiene en la abscisa del vértice de la parábola, dado que se trata de una función cuadrática en la que $a < 0$:

$$x_v = \frac{-4\,000}{-40} = 100$$

De este modo, con la fabricación de 100 vehículos se obtienen: B (100) = 190 000 €

c. En el contexto del problema, el número de automóviles que se pueden fabricar variará desde cero hasta infinito, teniendo únicamente sentido fabricar un número entero de vehículos, por lo que: D (f) = {0, 1, 2, 3,... }

Si tenemos en cuenta la posibilidad de contabilizar una producción decimal de vehículos el dominio sería: D (f) = $[0\,,\,\infty)$

Funciones de proporcionalidad inversa

ACTIVIDAD RESUELTA

Un banco de alimentos dispone de comida para 50 personas durante 10 días. Suponiendo que la cantidad de comida no varía, ¿cuántas personas podrán ser alimentadas durante 20 días? ¿Y durante 25 días? Establece la función que relaciona el número de personas con el número de días.

Existe una relación de proporcionalidad inversa entre el número de personas y el de días.

Se denomina x al número de personas, e y, al número de días.

Para obtener el número de personas que se alimentan en 20 días:

$$50 \cdot 10 = x \cdot 20 \Rightarrow x = 25$$

Para 25 días: $50 \cdot 10 = x \cdot 25 \Rightarrow x = 20$

La función será: $x \cdot y = 500 \Rightarrow y = \dfrac{500}{x}$

Funciones exponenciales

ACTIVIDAD RESUELTA

En un almacén han aparecido 8 roedores. Se sabe que este tipo de roedores crece de manera exponencial, de modo que su población se triplica cada mes.

a. Determina el número de roedores que habrá después de 2, 3 y 4 meses.

b. Establece la función que permite obtener el número de roedores después de x meses.

c. En el 7.º mes, para eliminar la plaga, los propietarios del almacén deciden comprar veneno para estos animales. Teniendo en cuenta que se necesitan 6 g de veneno por cada roedor, determina la cantidad necesaria de esta sustancia para eliminar la plaga.

a. El número de roedores será de $8 \cdot 3^2 = 72$ dentro de 2 meses, de $8 \cdot 3^3 = 216$ dentro de 3 meses y de $8 \cdot 3^4 = 648$ dentro de 4 meses.

b. Si y es el número de roedores, y x, el número de meses desde su aparición, entonces:

$$y = 8 \cdot 3^x$$

c. Dentro de 7 meses, el número de roedores será de $8 \cdot 3^7 = 17\,496$.

Como se necesitan 6 g de veneno por roedor: $6 \cdot 17\,496 = 104\,976$

Es decir, habrá que emplear 104,98 kg de veneno.

ACTIVIDADES

37 Todos los artículos que se venden en unos grandes almacenes tienen un incremento del precio de un 18 % de IVA. ¿Cuál será el precio final de un artículo cuyo precio inicial es de 300 €? ¿Y si es de 500 €? Establece la función que relaciona el precio de los artículos con su precio de venta una vez incrementado el 18 %. Representa la función.

38 Un grifo con un caudal de 35 L por hora llena un depósito en 10 h. ¿Cuál debe ser el caudal para llenar el depósito en 5 h? ¿Y para llenarlo en 20 h? Establece la función que relaciona el caudal necesario para llenar el depósito en cierto número de horas. Representa dicha función.

39 El área de un cuadrado se puede expresar en función de la longitud de su lado.

a. Escribe en una tabla el área de distintos cuadrados cuyos lados midan 1 cm, 2 cm, 3 cm, 4 cm, 5 cm, 6 cm y 7 cm.

b. Representa gráficamente esta tabla.

c. Calcula el dominio de la función en el contexto de la actividad.

d. Determina la expresión algebraica de la función.

e. Determina el recorrido de la función en el contexto de la actividad.

f. ¿Es una función creciente o decreciente?

40 Todos los vehículos se devalúan a medida que pasan los años. Cierto vehículo cuyo valor inicial era de 8 000 € devalúa su valor un 10 % cada año. Forma una tabla que exprese el valor venal del vehículo durante los 10 primeros años y represéntala gráficamente.

HERRAMIENTAS TECNOLÓGICAS

Tipos de funciones con Wiris

Funciones cuadráticas con Wiris

Con Wiris se puede analizar una función cuadrática a través de su representación. Para ello, se escribe la expresión que define una función cuadrática.

A continuación, se representa la siguiente función:

```
f(x)=x^2+6x+1 → x↦x²+6·x+1
representar(f(x)) → tablero1
```

Al pulsar el botón **ejecutar,** , se despliega una ventana en la que se dibuja la función y se señalan sobre ella sus principales elementos: el eje de simetría (en verde), el vértice (en rojo) y los puntos de corte con los ejes (en azul).

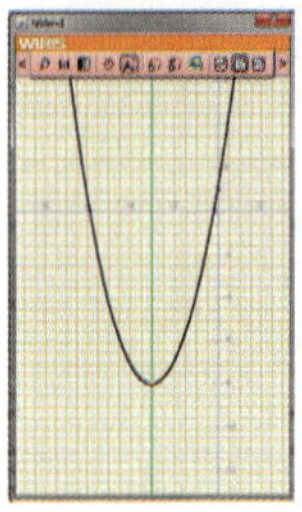

Las coordenadas de los puntos se pueden visualizar pulsando el botón valor, , ubicado en la barra de herramientas que hay sobre la gráfica y situando luego el cursor sobre cada punto.

El vértice es el punto (–3 , –8).

Los puntos de corte con el eje *X* son $\left(-2\cdot\sqrt{2}-3\,,0\right)$ y $\left(2\cdot\sqrt{2}-3\,,0\right)$.

El punto de corte con el eje *Y* se encuentra en (0 , 1).

Por último, el eje de simetría es la recta $x = -3$.

Funciones exponenciales con Wiris

En la representación de las funciones exponenciales se pueden ver su dominio de definición y sus asíntotas.

A modo de ejemplo, se representan dos funciones exponenciales en los mismos ejes: $y = e^x$, $y = e^{-x}$.

Obsérvese que el número *e* se obtiene en la pestaña **Símbolos** de la barra de herramientas:

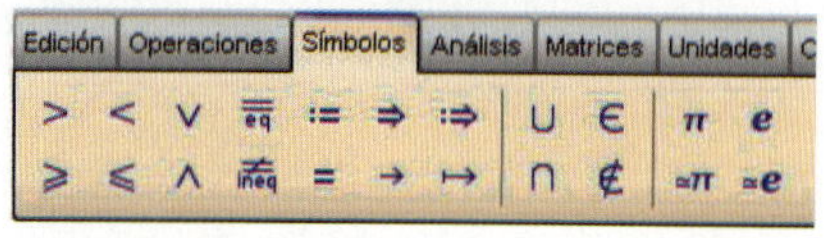

Se escriben las dos funciones:

```
representar(e^x) → tablero1
representar(e^(-x)) → tablero1
```

En el panel gráfico **tablero 1** se observan las posiciones relativas de las funciones y se visualizan sus dominios, sus puntos de corte con el eje *Y* y la asíntota horizontal:

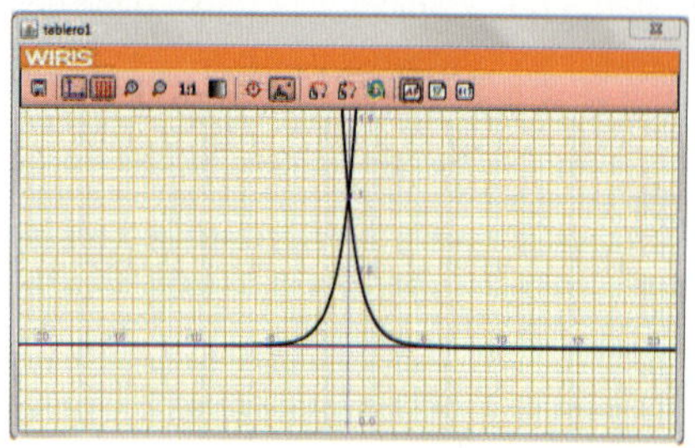

PRACTICA TÚ

1. Representa gráficamente con Wiris las siguientes funciones y deduce cuáles son sus puntos de corte con los ejes, su vértice y el eje de simetría:

a. $y = x^2 - 6x + 11$ **b.** $y = -x^2 + 8x - 2$

2. Determina la expresión algebraica de la función cuadrática que pasa por los puntos (1 , 4), (–4 , 59) y (5 , 68). Represéntala y realiza un análisis de la función.

3. Representa sobre los mismos ejes de coordenadas las funciones $f(x) = 2^{x+2}$, $f(x) = 2^x$ y $f(x) = 2^{x-2}$. ¿Observas alguna relación entre ellas?

4. Representa las siguientes funciones y determina su dominio, recorrido, crecimiento y decrecimiento, puntos de corte con los ejes, y signo:

a. $f(x) = \dfrac{18}{x-3}$

b. $f(x) = 4 \cdot e^x$

c. $f(x) = 4 \cdot \left(\dfrac{1}{2}\right)^x$

d. $f(x) = 5^x$

e. $f(x) = 5^{x+2}$

f. $f(x) = \dfrac{-7}{x+5}$

g. $f(x) = -\dfrac{4}{x-3}$

h. $f(x) = -x^2 - 6x - 5$

APRENDO A APRENDER

Copia en tu cuaderno este mapa conceptual, complétalo y responde a las cuestiones que aparecen a continuación.

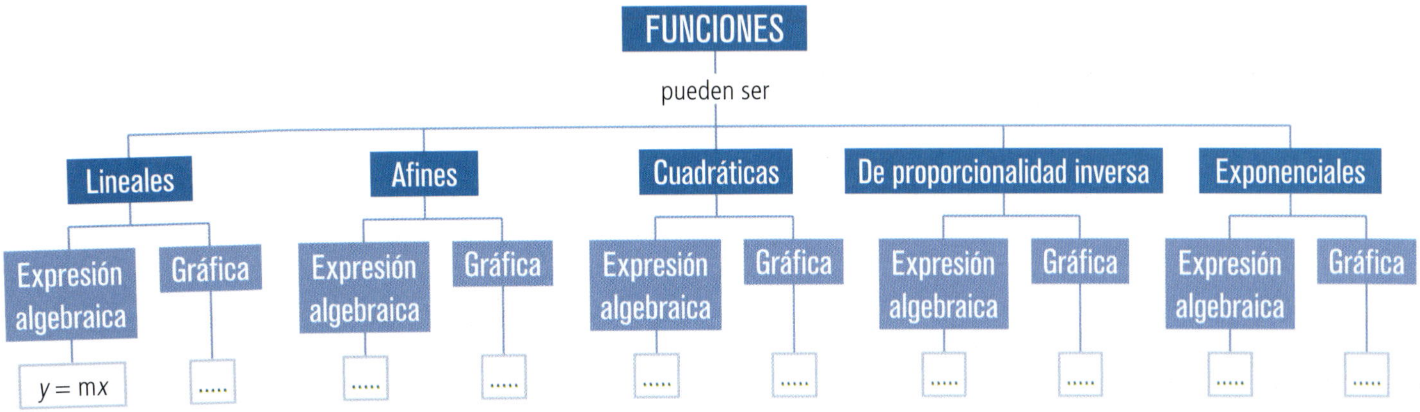

ACTIVIDADES

1 Indica, razonando la respuesta, si las siguientes afirmaciones son verdaderas o falsas:

a. Una función lineal nunca pasa por (0 , 0).

b. Una función afín nunca pasa por (0 , 0).

c. Si una función lineal es creciente, entonces su pendiente es positiva.

d. Si una función es afín y pasa por el punto (3 , 5), entonces su pendiente es $m = \frac{5}{3}$, por lo que se trata de una función creciente.

e. Una función lineal que pasa por el punto (–3 , 4) es una función decreciente, ya que su pendiente es $-\frac{3}{4}$.

f. Una función lineal que pasa por el punto (8 , 3) es una función creciente, pues su pendiente es $m = \frac{3}{8}$.

g. Si una función afín pasa por los puntos (1 , 2) y (3 , 5), entonces se trata de una función creciente cuya pendiente es $m = \frac{3}{2}$.

h. Una función cuadrática que tiene un mínimo en el punto (3 , 5) es una parábola abierta hacia arriba en todo su dominio.

i. Una función cuadrática que tiene como recorrido $[3 , +\infty)$ siempre tiene mínimo y es una parábola abierta hacia abajo.

j. La representación gráfica de cierta función cuadrática es una parábola que tiene como vértice el punto (3 , 5). Si tiene las ramas apuntando hacia arriba, entonces su recorrido es $[5 , +\infty)$.

k. Una función cuadrática que tiene un máximo en el punto (3 , 0) tiene un único punto de corte con el eje de abcisas.

l. Una función de proporcionalidad inversa que tiene como constante de proporcionalidad $k = 3$, es una función creciente en todo su dominio.

m. Si una función de proporcionalidad inversa es decreciente en todo su dominio, su constante de proporcionalidad es negativa.

n. El dominio de las funciones de proporcionalidad inversa es todo $\mathbb{R}$.

ñ. El recorrido de las funciones de proporcionalidad inversa es $\mathbb{R} - \{0\}$.

o. Todas las funciones exponenciales pasan por el punto (1 , 0).

REPASO FINAL

FUNCIONES LINEALES Y AFINES

1 Representa gráficamente, en cada caso, la función lineal o afín y determina la pendiente de la recta correspondiente, indicando si es creciente o decreciente. Comprueba estos resultados con Wiris.

a. $y = -5x$ **c.** $y = 4x + 3$ **e.** $y = \frac{1}{2}x$

b. $y = 3x + 5$ **d.** $y = -4x$ **f.** $y = x - \frac{3}{4}$

2 Determina, en cada caso, la expresión algebraica de las funciones lineales que pasan por los siguientes puntos e indica, además, si son crecientes o decrecientes:

a. (3 , 8) **c.** (1 , 9)

b. (–3 , 4) **d.** (–5 , –5)

3 Halla, en cada caso, la expresión algebraica de las funciones lineales que pasan por los siguientes pares de puntos y señala, además, si son crecientes o decrecientes:

a. (1 , 4) y (3 , 5) **c.** (–2 , 0) y (4 , 7)

b. (7 , 1) y (0 , 3) **d.** (3 , 7) y (–3 , 7)

4 Indica si la función cuya gráfica es una recta que pasa por los puntos (1 , 6) y (–2 , –9) es lineal. ¿Y afín?

5 Halla la expresión algebraica de las funciones cuyas gráficas son las rectas indicadas a continuación:

a.

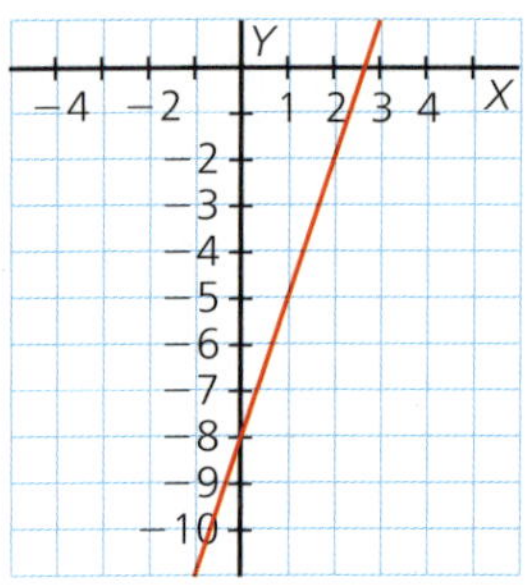

b.

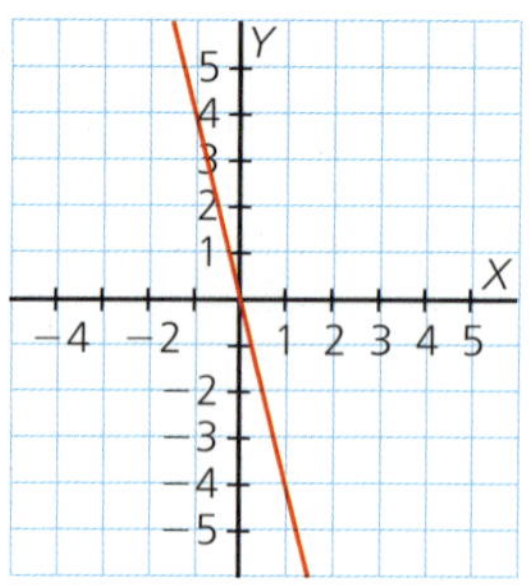

6 Establece la expresión algebraica de la función cuya gráfica es una recta:

a. De pendiente m = 3 que pasa por (1 , 3).

b. Paralela a la recta $y = 4x - 7$ que pasa por (0 , 3).

c. Paralela a la recta que pasa por los puntos (1 , 1) y (2 , 5) y cuya ordenada en el origen es –3.

d. Que pasa por el origen y es paralela a la recta $y = -3x - 4$.

7 Considera las siguientes funciones afines:

$$y = -4x + 3 \qquad y = -2x + 4$$

a. Represéntalas sobre los mismos ejes de coordenadas.

b. Determina si tienen algún punto en común.

8 Relaciona cada expresión algebraica con su gráfica.

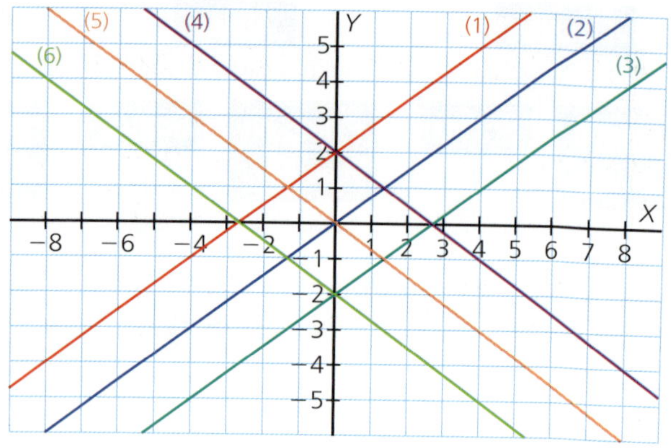

a. $y = \frac{3}{4}x$ **d.** $y = -\frac{3}{4}x$

b. $y = \frac{3}{4}x + 2$ **e.** $y = -\frac{3}{4}x + 2$

c. $y = \frac{3}{4}x - 2$ **f.** $y = -\frac{3}{4}x - 2$

FUNCIONES CUADRÁTICAS

9 Calcula el vértice y el eje de simetría de las siguientes funciones cuadráticas:

a. $y = x^2 - 3x + 2$ **c.** $y = 9x^2 + 2x$

b. $y = -3x^2 + 7x - 5$ **d.** $y = -4x^2 + 3x - 2$

10 Halla el recorrido, los intervalos de crecimiento y decrecimiento y los puntos de corte con los ejes de estas funciones cuadráticas:

a. $y = x^2 + 5x + 6$ **c.** $y = 2x^2 - 20x + 1$

b. $y = 3x^2 + x$ **d.** $y = -x^2 + 7x + 8$

11 Determinna el dominio, el recorrido, los puntos de corte con los ejes, los intervalos de crecimiento y decrecimiento y los máximos y mínimos de las siguientes funciones cuadráticas:

a. $y = x^2 - 5x - 14$ **c.** $y = -x^2 + 6x - 9$

b. $y = 2x^2 - 15x + 7$ **d.** $y = x^2 + \frac{1}{4}x - \frac{1}{8}$

12 Dibuja la gráfica de una función cuadrática que cumpla las siguientes condiciones:

a. Tiene el vértice en el punto (2 , 4) y corta al eje X en los puntos (0 , 0) y (4 , 0).

b. Tiene el vértice en el punto (1 , 9), corta al eje Y en el punto (0 , 8), corta al eje X en los puntos (–2 , 0) y (4 , 0) y pasa por el punto (5 , –7).

13 Representa gráficamente las siguientes funciones cuadráticas:

a. $y = -x^2 + 2x + 8$

b. $y = 4x^2 - 4x + 11$

c. $y = -3x^2 - 8x + 3$

d. $y = x^2 + 11x + 24$

14 Representa gráficamente con Wiris las siguientes funciones cuadráticas en los mismos ejes:

a. $y = 2x^2$

b. $y = 4x^2$

c. $y = \frac{1}{2}x^2$

d. $y = \frac{1}{4}x^2$

¿Podrías extraer alguna conclusión? ¿Dónde se dibujaría la gráfica de la función $y = 3x^2$? ¿Y la de la función $y = \frac{1}{3}x^2$?

15 Halla el valor de j para que el punto (1 , –5) pertenezca a la parábola $y = 3x^2 - 5x + j$.

16 Determina la expresión algebraica de una función cuadrática que pase por los puntos (1 , –1), (0 , 2) y (2 , 24).

17 Calcula con Wiris la expresión algebraica de la parábola que pasa por los puntos (3 , 4), (7 , –3) y (1 , 5). Represéntala y comprueba los cálculos.

18 Determina la expresión algebraica de la función cuadrática cuya gráfica es:

a.

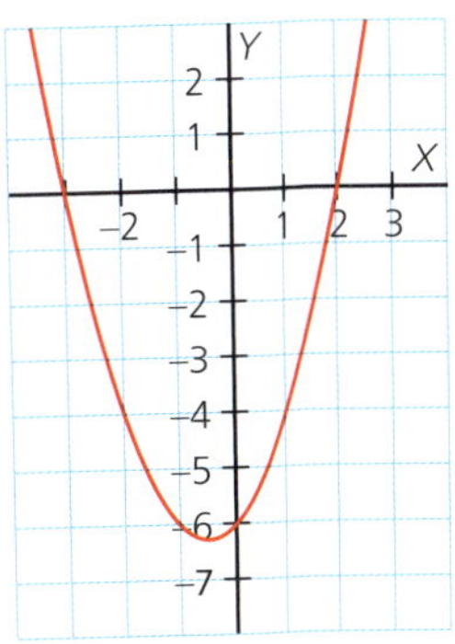

b.

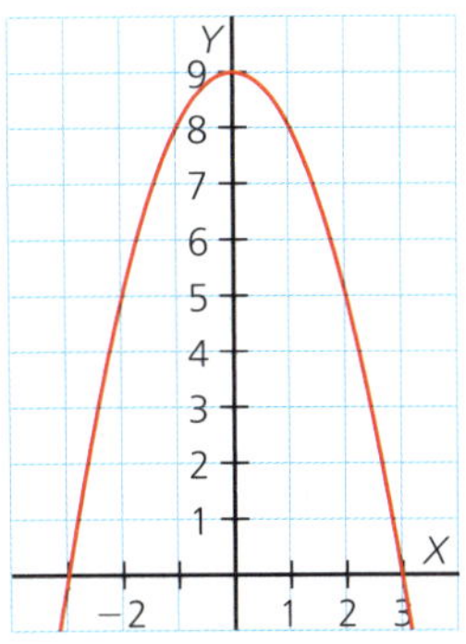

19 Relaciona cada parábola con su correspondiente expresión algebraica.

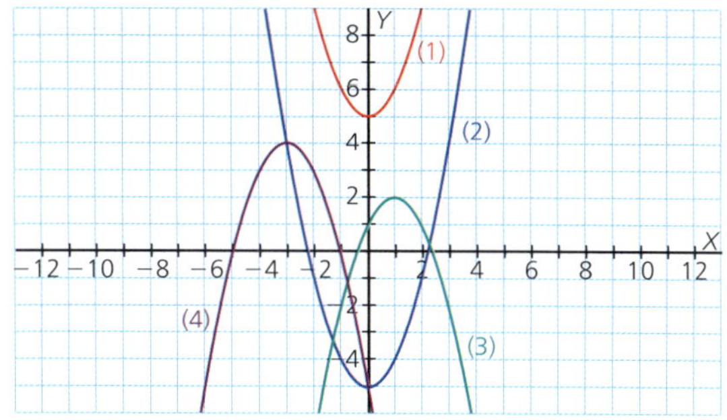

a. $x^2 + 5$

b. $x^2 - 5$

c. $-x^2 - 6x - 5$

d. $-x^2 + 2x + 1$

20 Representa las gráficas de las siguientes funciones sobre los mismos ejes de coordenadas utilizando Wiris:

a. $y = x^2$

b. $y = x^2 - 2$

c. $y = x^2 + 2$

d. $y = x^2 - 4$

e. $y = x^2 + 4$

f. $y = x^2 + \frac{1}{2}$

21 ¿Puedes establecer alguna relación entre las gráficas de las funciones **a.**, **b.** y **c.** de la actividad anterior? ¿Y entre las gráficas de las funciones cuadráticas **a.**, **d.** y **e.**?

22 Observa las gráficas de la actividad 20 e indica cómo sería la representación gráfica de estas funciones:

$$y = x^2 + 6 \qquad y = x^2 - 6$$

Después, comprueba el resultado y represéntalas con Wiris sobre los mismos ejes de coordenadas.

FUNCIONES DE PROPORCIONALIDAD INVERSA

23 Determina cuáles de las siguientes funciones son de proporcionalidad inversa:

a. $y = \frac{3}{x}$

b. $y = \frac{x}{5}$

c. $y = \frac{3}{2x}$

d. $y = \frac{3x}{2}$

24 Representa la función $y = \frac{36}{x}$ construyendo previamente una tabla para los siguientes valores: ±1, ±2, ±3, ±4, ±6, ±9, ±12, ±18 y ±36.

25 Dibuja en los mismos ejes las funciones $y = \frac{4}{x}$ e $y = -\frac{4}{x}$. ¿Existe alguna relación entre sus gráficas? ¿Qué tipo de simetría tienen las dos funciones?

REPASO FINAL

26 Relaciona las gráficas de las siguientes funciones con sus expresiones algebraicas:

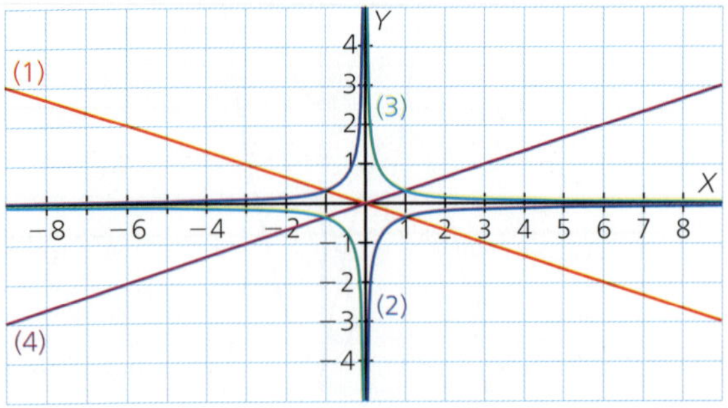

a. $y = \frac{1}{3}x$ **c.** $y = -\frac{1}{3}x$

b. $y = \frac{1}{3x}$ **d.** $y = -\frac{1}{3x}$

27 ⊕⊕ Analiza las características (dominio, recorrido, puntos de corte con los ejes, signo de la función, simetría, intervalos de crecimiento y decrecimiento, y máximos y mínimos) y determina la expresión algebraica de las siguientes gráficas:

a.

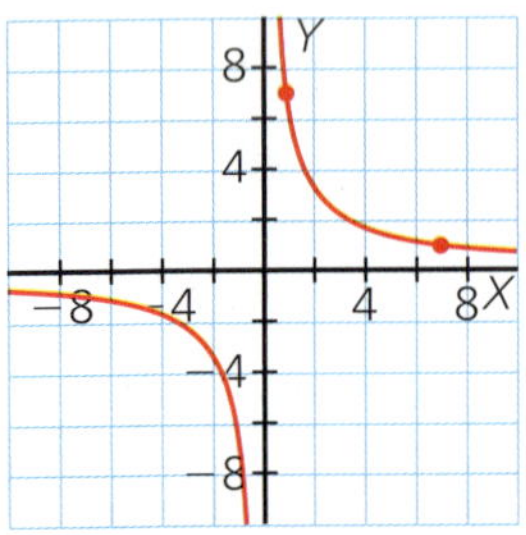

b.

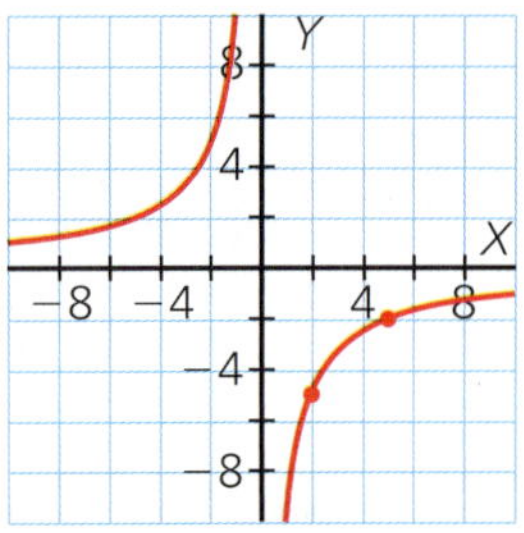

28 Relaciona estas gráficas con su expresión algebraica.

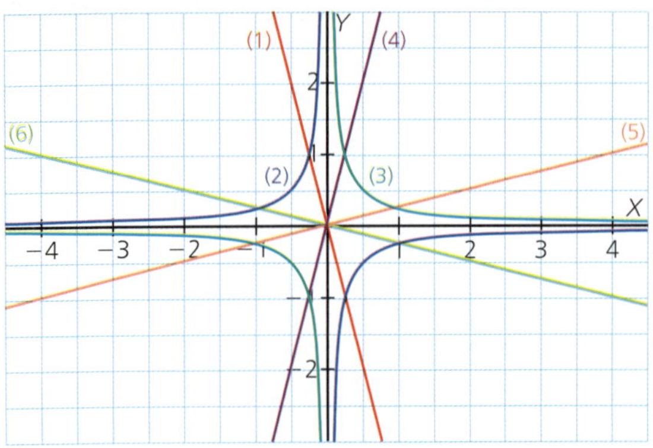

a. $y = 4x$ **d.** $y = -4x$

b. $y = \frac{1}{4}x$ **e.** $y = -\frac{1}{4}x$

c. $y = \frac{1}{4x}$ **f.** $y = -\frac{1}{4x}$

29 Representa con Wiris las gráficas de las siguientes funciones en los mismos ejes de coordenadas:

a. $y = \frac{9}{x}$ **c.** $y = \frac{9}{x} - 2$ **e.** $\frac{9}{x} + 2$

b. $y = \frac{9}{x} - 4$ **d.** $y = \frac{9}{x} + 4$ **f.** $y = \frac{9}{x} - \frac{1}{2}$

30 ¿Puedes establecer alguna relación entre las gráficas **a.**, **b.** y **d.** de la actividad anterior? ¿Y entre las gráficas **a.**, **c.** y **e.**?

31 Observa las gráficas de la actividad 29 e indica como sería la representación gráfica de estas funciones:

$$y = \frac{9}{x} + 6 \qquad y = \frac{9}{x} - 6$$

Después, comprueba el resultado y represéntalas con Wiris sobre los mismos ejes de coordenadas.

FUNCIONES EXPONENCIALES

32 Analiza las características de las siguientes funciones exponenciales:

a. $y = 13^x$ **b.** $y = \left(\frac{1}{10}\right)^x$ **c.** $y = 11^x$ **d.** $y = 11^{-x}$

33 Representa la función $y = 7^x$ construyendo antes una tabla para los valores enteros comprendidos entre −4 y 4.

34 Calcula los valores de la función $y = 0{,}4^x$ para los valores enteros comprendidos entre −5 y 5. Realiza una tabla con los resultados obtenidos y representa la función.

35 Realiza una tabla de valores para representar las siguientes funciones:

a. $y = 8^x$ **b.** $y = \left(\frac{1}{8}\right)^x$ **c.** $y = 0{,}2^x$ **d.** $y = \left(\frac{3}{2}\right)^x$

36 Identifica cada gráfica con su expresión algebraica.

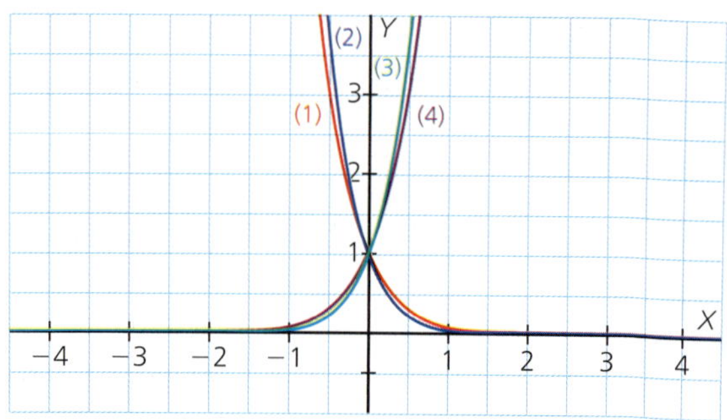

a. $y = 10^x$ **b.** $y = \left(\frac{1}{10}\right)^x$ **c.** $y = 12^x$ **d.** $y = \left(\frac{1}{12}\right)^x$

EVALUACIÓN

FUNCIONES EN LA VIDA COTIDIANA

37 Una población de seres unicelulares se reproduce por tripartición. El número de células se triplica aproximadamente cada hora e inicialmente hay una sola célula.

a. ¿Cuántas células habrá dentro de 2 h? ¿Y dentro de 5 h?

b. Escribe la expresión algebraica que relaciona el número de células que habrá al cabo de cierto número de horas.

c. ¿Dentro de cuántas horas habrá más de 1 000 000 de células?

d. Si al principio hubiera habido 10 células, ¿cuántas células habría al cabo de 2 h? ¿Y transcurridas 4 h?

e. En las condiciones del apartado anterior escribe la expresión algebraica que relaciona el número de células que habrá al cabo de cierto número de horas.

38 Una empresa instala piscinas prefabricadas rectangulares con una misma profundidad de 1,20 m. Si el perímetro de todos los modelos de piscina es de 14 m:

a. ¿Cuál será el volumen de una piscina que tiene 2 m de ancho?

b. Determina la expresión algebraica de la función que relaciona el volumen de la piscina con el ancho.

c. ¿Con qué dimensiones es máximo el volumen de la piscina?

d. Representa dicha función.

39 Se desean construir recipientes en forma de prisma que tengan una base rectangular de 1 m de altura y una capacidad de 8 000 L.

a. Si el recipiente mide 4 m de ancho, determina cuál será su largo.

b. Establece la expresión algebraica de la función que relaciona el ancho y el largo de los recipientes fabricados.

c. Representa dicha función.

40 El coste de la factura mensual de gas natural consta de dos partes: una cantidad fija por un importe de 12 €, a la que se añade otra variable, ya que cada metro cúbico de gas consumido cuesta 0,5 €. Confecciona una tabla en la que se relacione el importe mensual en euros y el consumo en metros cúbicos. Escribe la expresión algebraica de la función y represéntala.

1 La expresión algebraica de la gráfica (4) es:

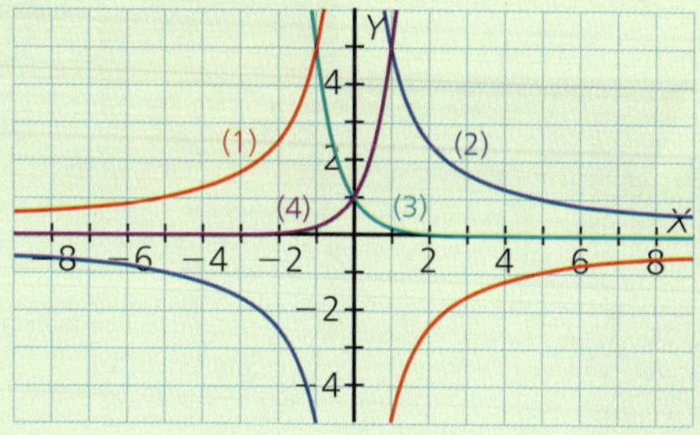

a. $y = 5x$ b. $y = 5x^2$ c. $y = 5^x$ d. $y = \left(-\frac{1}{5}\right)^x$

2 La pendiente de la función cuya gráfica es una recta que pasa por los puntos (1 , 2) y (3 , 7) es:

a. $m = \frac{5}{2}$ b. $m = \frac{2}{5}$ c. $m = -\frac{5}{2}$ d. $m = -\frac{2}{5}$

3 El eje de simetría de la parábola $y = 3x^2 - 5x + 2$ es:

a. $x = -5$ b. $x = \frac{5}{6}$ c. $y = \frac{5}{6}$ d. $x = -\frac{5}{6}$

4 ¿Cuál es el mínimo de la función $y = x^2 - 8x + 18$?

a. (2 , 4) b. (4 , 2) c. (−4 , 2) d. (4 , −2)

5 La función $y = \frac{50}{x}$:

a. Tiene un máximo.
b. Es creciente en $(-\infty , 0)$.
c. Decrece en $(0 , +\infty)$.
d. Tiene un mínimo.

6 La función $y = 5^{-x}$ es una función decreciente:

a. Solo en $(-\infty , 0)$.
b. En todo $\mathbb{R}$.
c. Solo en $(0 , +\infty)$.
d. No es decreciente.

7 ¿Cuál de estas funciones pasa por el punto (0 , 1)?

a. $y = -\frac{45}{x}$
b. $y = 3x - 1$
c. $y = 9^x$
d. $y = x^2 + 2x - 3$

8 ¿Cuál de estas funciones es decreciente en todo $\mathbb{R}$?

a. $y = 3x - 5$
b. $y = 4^x$
c. $y = \left(\frac{5}{3}\right)^x$
d. $y = -4x$

DIARIO DE APRENDIZAJE

¿Qué partes de la unidad me han exigido más tiempo de trabajo?

07 Estadística

¿Qué importancia creo que tendrá la capacidad de relacionar conocimientos en el estudio de esta unidad?

Observad la imagen en grupos e identificad los distintos tipos de gráficos estadísticos que aparecen.

¿Para qué se emplea cada uno de ellos?

01 Conceptos estadísticos

El objetivo de un **estudio estadístico** es analizar las características de una determinada población con el fin de representar, resumir y analizar los datos recogidos. Existen, por tanto, dos elementos importantes en la estadística: la población objeto de estudio y el tipo de estudio que se realiza sobre ella.

La **población** de un estudio estadístico es el conjunto de todos los elementos sobre los que se va a realizar el estudio. A los elementos que componen la población se los llama individuos o **unidades estadísticas.**

Cuando la población sobre la que se desea hacer el estudio es demasiado grande, se toma un subconjunto de la población que se llamará **muestra.**

El procedimiento que se emplea para seleccionar una muestra representativa de la población en estudio se denomina **muestreo.**

El **carácter estadístico** es una propiedad que permite clasificar a los individuos de una población. Pueden ser de dos tipos: cualitativos (no se pueden expresar o medir numéricamente) o cuantitativos (se pueden expresar o medir numéricamente).

Al conjunto de valores que puede tomar un carácter estadístico se lo denomina **variable estadística.** Tipos de variables estadísticas:

Recuerda

Los muestreos estadísticos más frecuentes son los siguientes:

- Muestreo **aleatorio simple.**
- Muestreo **aleatorio sistemático.**
- Muestreo **estratificado.**

TIPOS		PROPIEDADES	EJEMPLOS
Cualitativas		Toma valores no numéricos.	Medallas de una prueba deportiva: oro, plata y bronce.
Cuantativas	Variable discreta	Toma un conjunto finito de valores numéricos.	El número de hermanos de cuatro amigos: 2, 1, 0, 1
	Variable continua	Puede tomar infinitos valores numéricos de un intervalo de la recta real.	La altura de cuatro amigos: 1,73 m; 1,81 m; 1,84 m; 1,75 m

ACTIVIDAD RESUELTA

De los 1 200 alumnos de 4.° de ESO matriculados en cierto centro de enseñanza, se han seleccionado 200 alumnos con el fin de analizar varias de sus características: número de horas semanales de estudio, país de procedencia y altura.

Determina:

a. La población en estudio y el tamaño de la misma.

b. La muestra seleccionada.

c. La variable estadística de cada una de las características objeto de estudio y su tipo.

a. Población: Todos los alumnos de 4.° de ESO del centro.

Tamaño de la población: 1 200 alumnos.

b. Tamaño de la muestra: 200 alumnos.

c. El número de horas semanales de estudio es una variable cuantitativa discreta; el país de procedencia es cualitativa, y la altura es cuantitativa continua.

ACTIVIDADES

1 Determina, siempre que se pueda, la población, la muestra, el tamaño de la muestra, la variable estadística y el tipo de variable en los siguientes estudios estadísticos:

a. El ayuntamiento de cierta localidad estudia las preferencias deportivas de los jóvenes de entre 15 y 26 años a partir de las opiniones de 2 000 jóvenes de la localidad.

b. El administrador de una comunidad de propietarios estudia el consumo de agua caliente que realizan 10 propietarios en su vivienda.

c. Una empresa de telefonía móvil quiere estudiar qué días de la semana se utiliza más el servicio de telefonía entre todos sus abonados a partir de encuestas telefónicas realizadas a 300 de ellos.

d. Una compañía de seguros quiere lanzar una oferta para los propietarios de vehículos de cierto municipio. Con esta finalidad necesita conocer la marca de los vehículos que están matriculados en el mismo, mediante un sondeo a 150 propietarios.

e. Para analizar la intención de voto de los habitantes de un distrito de Madrid, se ha realizado un sondeo a pie de urna sobre 1 000 de las personas que acudieron a ejercer su derecho al voto en dicho distrito.

f. Una empresa que fabrica tornillos quiere estudiar el porcentaje de unidades defectuosas que se obtienen en el proceso de elaboración y para ello, se analizan 500 tornillos.

g. Se quiere estudiar la opinión de la ciudadanía sobre una reforma que tiene intención de implantar el gobierno en relación con el impuesto de sucesiones y se realiza una encuesta telefónica sobre 2 500 personas.

ACTIVIDAD RESUELTA

2 Se quiere conocer la opinión de 2 500 estudiantes de cierta universidad en lo concerniente al funcionamiento de la biblioteca del centro. Para ello, se realiza una encuesta a 100 alumnos. Determina la población, el tamaño de la población y el tamaño de la muestra del estudio estadístico realizado.

Población: los estudiantes de la universidad.

Tamaño de la población: 2 500 estudiantes.

Tamaño de la muestra: 100 estudiantes.

3 Determina el tamaño de la población y el tamaño de la muestra en los siguientes estudios estadísticos:

a. Las autoridades sanitarias de cierta ciudad de 6 508 habitantes desean realizar un estudio sobre la altura de la población mediante un muestreo aleatorio estratificado sobre 500 personas.

b. Una compañía telefónica quiere conocer la opinión sobre el servicio prestado a sus 15 000 clientes por medio de un sondeo que se realiza telefónicamente a 600 de sus abonados.

c. Una empresa demoscópica ha realizado un estudio sobre el nivel de aceptación de cierto presentador televisivo. La cadena en la que trabaja el presentador tiene 130 000 televidentes, y el estudio se ha realizado sobre una muestra de 700 personas.

d. Una dentista que tiene un total de 2 000 pacientes a lo largo del año desea realizar un estudio del número de pacientes tratados de endodoncia. Con este objetivo, se analizan 200 de los casos atendidos durante dicho año.

e. En una prueba que ha tenido lugar a nivel nacional, 300 000 alumnos han realizado un ejercicio de habilidad numérica. Se ha efectuado un muestreo aleatorio estratificado con un total de 1 000 pruebas.

f. Una fábrica produce a lo largo de una semana 20 000 pilas alcalinas cuya duración desea analizar. Con esta finalidad, se selecciona una muestra compuesta por 500 unidades.

4 Determina el tipo de variables estadísticas asociadas a cada uno de los siguientes estudios:

a. Tipo de enfermedad que padecen los bebés que asisten al servicio de urgencias.

b. Asignatura preferida por los alumnos de un centro educativo.

c. Número de litros de agua que consumen los hogares de un municipio.

d. Número de hermanos que tienen los habitantes de una ciudad.

e. Salario mensual que ingresan los trabajadores de cierta multinacional.

f. Número de personas que utilizan el AVE Madrid-Barcelona un determinado mes.

g. Regalo preferido por los adolescentes de 14-16 años en su día de cumpleaños.

02 Frecuencias y tablas estadísticas

Una vez que se han recogido los datos necesarios para realizar un estudio estadístico, hay que efectuar un recuento de los mismos y organizarlos en una **tabla de frecuencias.** Estas tablas incluyen los siguientes elementos dispuestos en columnas tal y como se muestra en el margen:

- **Datos (x_i):** son los valores de la variable estadística obtenidos en la recogida de datos realizada.
- **Frecuencia absoluta (n_i):** es el número de veces que aparece el dato en la muestra.
- **Frecuencia absoluta acumulada (N_i):** es la suma de las frecuencias absolutas de los valores menores o iguales al dato x_i.
- **Frecuencia relativa (f_i):** es el cociente entre la frecuencia absoluta del valor x_i y el número total de datos de la muestra, N.
- **Frecuencia relativa acumulada (F_i):** es la suma de las frecuencias relativas de los valores menores o iguales al dato x_i.

Tablas de frecuencias

x_i	n_i	N_i	f_i	F_i
x_1	n_1	N_1	f_1	F_1
x_2	n_2	N_2	f_2	F_2
...	...	...	...	...
x_k	n_k	N_k	f_k	F_k
Total	**N**		**1**	

Tabla de frecuencias para datos aislados

Se utilizan para organizar la información de variables estadísticas cualitativas o cuantitativas discretas que tienen un número reducido de valores distintos.

ACTIVIDAD RESUELTA

En un centro educativo se ha realizado un estudio sobre el número de libros que han leído sus 29 alumnos en el último mes. Los datos que se han obtenido son:

0, 0, 1, 1, 0, 1, 2, 2, 3, 0, 1, 1, 3, 2, 2, 1, 2, 1, 2, 2, 2, 1, 2, 3, 1, 3, 0, 1, 0

Determina el tipo de variable en estudio y el rango. Por último, elabora una tabla de frecuencias para este conjunto de datos.

La variable mide el número de libros que leen los alumnos del centro y se trata de una variable estadística cuantitativa discreta. El rango o recorrido es: $3 - 0 = 3$

Como el número de valores diferentes es pequeño (0, 1, 2, 3), se utilizará una tabla de frecuencias de datos aislados.

x_i	n_i	N_i	f_i	F_i
0	6	6	6/29 = 0,21	0,21
1	10	16	10/29 = 0,34	0,55
2	9	25	9/29 = 0,31	0,86
3	4	29	4/29 = 0,14	1
Total	29		1	

Observa que la suma de las frecuencias absolutas es igual al tamaño de la muestra y que la suma de las frecuencias relativas es siempre 1.

Recuerda

El **rango** o **recorrido** de una variable estadística **cuantitativa** es la diferencia entre el valor máximo y el valor mínimo que toma la variable.

ACTIVIDADES

5 En un hospital se ha anotado el sexo de 30 recién nacidos [hombre (H), mujer (M)] y se ha obtenido lo siguiente:

H M M M M H M M
H M M H M M H
M H M M H H H H
M H M H H M H

Construye una tabla de frecuencias con estos datos.

Tabla de frecuencias para datos agrupados

Cuando se quiere organizar la información de variables estadísticas cuantitativas continuas o discretas que tienen un número elevado de valores distintos, se usan las tablas de frecuencias para datos agrupados. Estos conjuntos de datos se agrupan en intervalos o clases.

El conjunto de números comprendidos entre dos extremos, *a* y *b*, se denomina **intervalo** o **clase**, y se designa mediante [a , b) y su **amplitud** viene determinada por la diferencia entre sus extremos, b – a.

El valor central de cada intervalo recibe el nombre de **marca de clase.** Por ejemplo, si el intervalo es [a , b), la marca de clase será: $c_i = \frac{a+b}{2}$

Para construir una tabla de frecuencias con datos agrupados, se siguen los pasos indicados en el margen:

ACTIVIDAD RESUELTA

El salario mensual (en euros) que perciben 30 familias es:

800, 820, 815, 845, 900, 1 100, 1 500, 1 750, 975, 1 250, 1 760, 1 850, 2 000, 1 950, 1 865, 1 450, 1 230, 1 440, 1 275, 1 970, 1 980, 1 050, 1 275, 1 340, 1 560, 1 570, 1 670, 1 930, 1 876, 1 650

a. Determina el tipo de variable estadística.

b. Construye una tabla con los datos agrupados, indicando las marcas de clase de cada intervalo.

a. Se trata de una variable estadística cuantitativa discreta, pero tiene muchos valores distintos, por lo que se debe utilizar una tabla de frecuencias con los datos agrupados.

b. Como $\sqrt{N} = \sqrt{30} \approx 5{,}48$, se toman 5 intervalos.

Rango = 2 000 – 800 = 1 200 ⇒ amplitud del intervalo: $\frac{1\,200}{5} = 240$

Se consideran los intervalos: [800 , 1 040), [1 040 , 1 280), [1 280 , 1 520), [1 520 , 1 760) y [1 760 , 2 000]

Las marcas de clase que se obtienen son: (800 + 1 040) : 2 = 920; (1 040 + 1 280) : 2 = 1 160; (1 280 + 1 520) : 2 = 1 400; (1 520 + 1 760) : 2 = 1 640; (1 760 + 2 000) : 2 = 1 880

Clases (x_i)	Marca de clase (c_i)	n_i	N_i	f_i	F_i
[800 , 1 040)	920	6	6	0,2	0,2
[1 040 , 1 280)	1 160	6	12	0,2	0,4
[1 280 , 1 520)	1 400	4	16	0,13	0,53
[1 520 , 1 760)	1 640	5	21	0,17	0,7
[1 760 , 2 000]	1 880	9	30	0,3	1
Total		30		1	

1 Se determina el número de intervalos o clases en los que se deben agrupar los datos. El número de intervalos que se suele considerar es el entero más próximo a $\sqrt{N}$, donde *N* es el tamaño de la muestra. El número mínimo de intervalos que se considerará será de 4 intervalos o clases.

2 Se calcula el rango o recorrido (R) del conjunto de datos.

3 Se determina la amplitud de los intervalos: $\frac{R}{\sqrt{N}}$

4 Se incluye en la tabla de frecuencias una columna que contenga los intervalos o clases en los que se divide el conjunto de datos.

5 Se añade una columna con la marca de clase (c_i).

ACTIVIDADES

6 Para analizar el color preferido [amarillo (Am), azul (Az), blanco (B), negro (N), rojo (R), verde (V)] por los alumnos de un centro educativo, se ha realizado una encuesta a 50 alumnos y se han obtenido los siguientes resultados:

Am - R - N - Am - V - V - B
Am - Az - V - Az - Am - B - R
Am - V - Am - Az - Az - Az - R
B - Az - B - R - V - Az - B - R
V - Az - R - Az - Am - B - Am
B - B - Am - V - N - V - Am
B - Az - Am - R - R - Am - B

Construye la tabla de frecuencias asociada a los datos recabados.

03 Gráficos estadísticos

Una forma rápida de obtener una visión clara del comportamiento de una variable estadística es la representación visual de los datos en gráficos estadísticos. El tipo de representación gráfica depende de la variable en estudio.

Diagrama de barras y polígono de frecuencias

Para variables estadísticas cualitativas o cuantitativas discretas expresadas en tablas de frecuencias con datos aislados, se usan el diagrama de barras y el polígono de frecuencias.

Para construirlos, se representan los datos en el eje de abscisas y las frecuencias absolutas en el eje de ordenadas. Después se dibujan barras verticales cuyas alturas vienen determinadas por sus frecuencias absolutas. Por último, y uniendo los extremos de las barras, se obtiene el polígono de frecuencias.

Histograma y polígono de frecuencias

Cuando lo que se quiere representar son variables estadísticas cuantitativas discretas o continuas en las que los datos están agrupados por intervalos, se usan los histogramas, donde los intervalos se representan en el eje de abscisas, mientras que las frecuencias absolutas se sitúan en el eje de ordenadas.

Para dibujar los rectángulos del polígono, se toma como base de los mismos la amplitud de los intervalos en los que se haya dividido la variable, y como altura, las frecuencias correspondientes a cada intervalo. Uniendo los puntos centrales superiores de cada rectángulo (correspondientes a las marcas de clase), se obtiene el polígono de frecuencias.

ACTIVIDAD RESUELTA

En la siguiente tabla se han recogido los datos agrupados sobre el salario mensual (en euros) que perciben 30 familias. Elabora el histograma y el polígono de frecuencias.

x_i	c_i	n_i
[800 , 1 040)	920	6
[1 040 , 1 280)	1 160	6
[1 280 , 1 520)	1 400	4
[1 520 , 1 760)	1 640	5
[1 760 , 2 000]	1 880	9

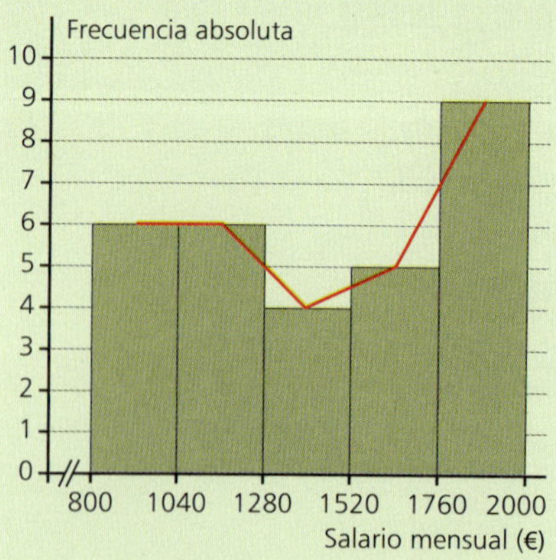

Para dibujar el histograma que representa esta tabla, se dibujan los intervalos en el eje de abscisas. Los rectángulos de cada clase tienen como base dichos intervalos y como altura sus correspondientes frecuencias absolutas. Uniendo los puntos centrales superiores de cada rectángulo, se obtiene el polígono de frecuencias.

ACTIVIDAD RESUELTA

La siguiente tabla recoge los datos obtenidos en el estudio realizado en un centro educativo sobre el número de libros que han leído 35 alumnos a lo largo del último mes. Represéntalos en un diagrama de barras y construye su polígono de frecuencias correspondiente.

x_i	n_i
0	6
1	10
2	9
3	4
4	2
5	4

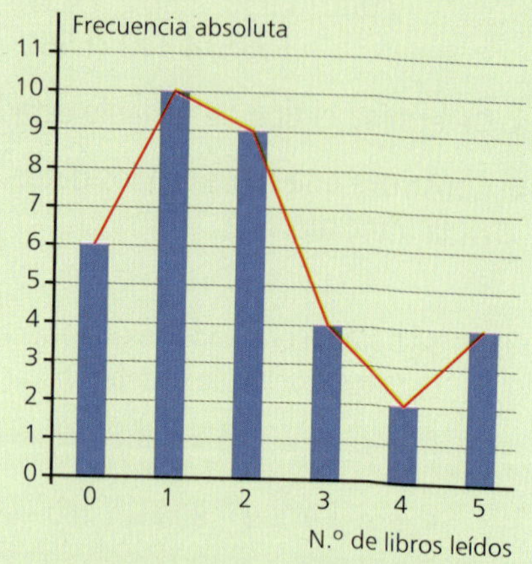

En el eje de abscisas se representa el dato del número de libros leídos en el último mes. Las barras indican la frecuencia absoluta de cada valor.

Uniendo las barras verticales desde sus puntos centrales se obtiene el polígono de frecuencias, representado con la línea roja.

Diagramas de sectores

Con el diagrama de sectores se pueden representar tanto variables cualitativas como cuantitativas, discretas y continuas. Estos gráficos se construyen con un círculo que se divide en tantos sectores como frecuencias absolutas haya. La amplitud de cada sector viene determinada por la proporción de cada frecuencia absoluta expresada en grados. Para calcularla, se multiplica cada frecuencia relativa por 360°.

ACTIVIDAD RESUELTA

Construye el histograma y el diagrama de sectores asociado a la siguiente tabla de frecuencias, en la que se representan los resultados de las marcas realizadas por 40 alumnos en una prueba de salto de longitud:

Clases (x_i)	n_i	f_i	$f_i \cdot 360°$
[2 , 2,5)	6	0,15	54°
[2,5 , 3)	14	0,35	126°
[3 , 3,5)	16	0,4	144°
[3,5 , 4]	4	0,1	36°

Puedes ver en el margen las figuras del histograma y del diagrama de sectores de esta variable.

Para construir el diagrama de sectores, se añade a la tabla de frecuencias una columna para registrar la amplitud de cada sector.

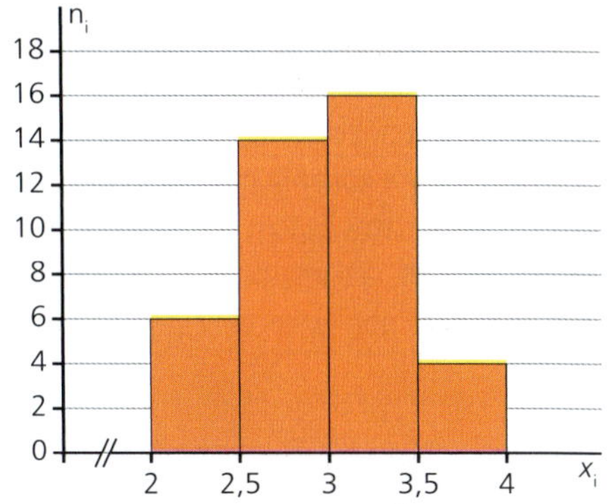

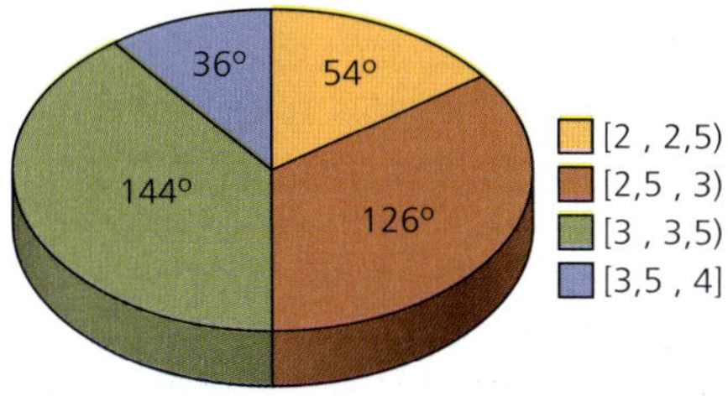

ACTIVIDADES

7 En una bolsa de patatas fritas se indica que, por cada 100 g, hay 39 g de grasas, 53 g de hidratos de carbono, 3 g de fibra alimentaria, 4 g de proteínas y 1 g de sal. Elabora una tabla de frecuencias y el diagrama de sectores asociado a la composición por cada 100 g de producto.

8 Fíjate en la siguiente tabla de frecuencias:

x_i	n_i
4	10
5	6
8	12
12	23
15	20

Construye el diagrama de barras, el polígono de frecuencias y el diagrama de sectores que representen a esta variable estadística.

9 Se ha medido la temperatura del mismo lugar durante 100 días y se han registrado los siguientes datos:

Clases (x_i)	[0 , 5)	[5 , 10)	[10 , 15)	[15 , 20)	[20 , 25]
n_i	10	17	22	23	28

Representa los datos en un gráfico adecuado y dibuja el diagrama de sectores.

10 Construye el diagrama de sectores de la variable estadística representada en el siguiente gráfico:

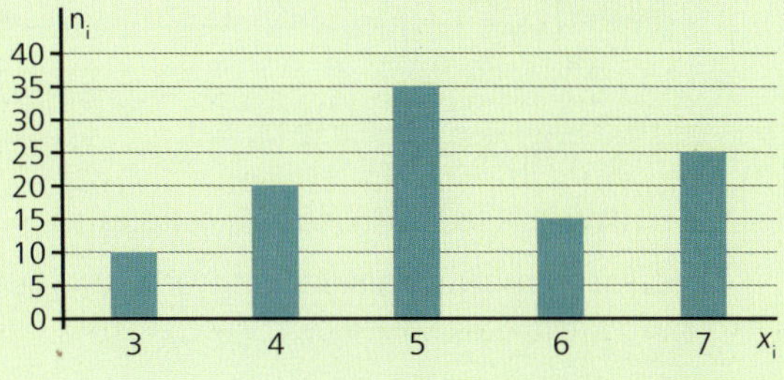

04 Parámetros de centralización y de posición

Recibe la denominación de parámetro todo valor o medida que resuma de forma cuantitativa la información recogida en las tablas y gráficos estadísticos.

Los **parámetros de centralización** son valores que representan de una forma global los datos estadísticos de una muestra o población, y en torno a ellos se distribuyen los datos. Los más utilizados son:

Media aritmética ($\overline{x}$)

La media aritmética es el valor central de todos los datos. Para hallar la media aritmética de un conjunto de datos, $x_1, x_2, \ldots, x_n$, se hace el cociente entre la suma de todos los productos de cada dato por su frecuencia y el número de datos:

$$\overline{x} = \frac{n_1 \cdot x_1 + n_2 \cdot x_2 + \ldots + n_n \cdot x_n}{n_1 + n_2 + \ldots + n_n} = \frac{\sum_{i=1}^{n} n_i \cdot x_i}{N}$$

Si los datos están agrupados en intervalos o clases, se toma como valor, x_i, la marca de clase, c_i.

Moda (M_o)

La moda es el valor de la variable que tiene mayor frecuencia absoluta, es decir, el que más veces se repite.

Si los datos están agrupados en intervalos, se toma como valor aproximado de la moda la marca de clase. En ocasiones también se habla de intervalo modal como el intervalo que tiene mayor frecuencia absoluta. La moda no es única, ya que puede haber más valores de la variable que tengan la misma frecuencia máxima.

Mediana (M_e)

La mediana de una variable estadística es el valor que ocupa la posición central de la distribución (si el número de valores es impar o si la media de los dos valores centrales es par) al ordenar los datos de menor a mayor. Por tanto, verifica que hay el mismo número de valores por encima que por debajo de ella.

ACTIVIDADES

ACTIVIDAD RESUELTA

11 La tabla muestra las notas que han tenido los alumnos de una clase de 4.° de ESO:

Notas	0	1	2	3	4
Número de alumnos	14	9	4	2	1

a. Construye la tabla de frecuencias correspondiente.

b. Calcula sus medidas de centralización.

a.

x_i	0	1	2	3	4	Total
n_i	14	9	4	2	1	30
N_i	14	23	27	29	30	
$n_i \cdot x_i$	0	9	8	6	4	27

b. $\overline{x} = \frac{\sum_{i=1}^{n} n_i \cdot x_i}{N} = \frac{27}{30} = 0{,}9$; $M_o = 0$

Me: como la mitad del número de datos es $\frac{30}{2} = 15$ y la frecuencia absoluta acumulada mayor o igual que 15 es $N_2 = 23$, entonces $M_e = x_2 = 1$.

12 Calcula la media, la moda y la mediana de los siguientes conjuntos de datos:

a. 0, 1, 1, 3, 4, 8, 9, 10 **b.** 2, 2, 3, 5, 5, 7, 7, 9, 9

13 Dada la siguiente tabla de frecuencias, determina los parámetros de centralización:

Intervalos	c_i	n_i
[10 , 15)	12,5	16
[15 , 20)	17,5	20
[20 , 25)	22,5	18
[25 , 30)	27,5	24
[30 , 35]	32,5	15

14 Las edades, en años, de 30 alumnos es la siguiente:

16	17	18	18	17	16	15	14	16	17
18	17	16	13	14	13	13	14	16	17
18	13	13	18	17	16	16	13	13	18

Construye la tabla de frecuencias y calcula sus parámetros de centralización.

Los **parámetros de posición** son los valores que informan sobre el lugar que ocupa un dato dentro de una distribución. Los más usados son:

Cuartiles (Q_1, Q_2 y Q_3)

Si se tiene una muestra de N datos ordenados, se puede dividir en cuatro partes iguales de manera que cada una de ellas tenga el mismo número de datos (N/4).

- El **primer cuartil**, Q_1, es el primer valor de la variable estadística que deja a su izquierda el 25 % de los datos.
- El **segundo cuartil**, Q_2, es el primer valor de la variable estadística que deja a su izquierda el 50 % de los datos. Coincide con la mediana: $M_e = Q_2$
- El **tercer cuartil**, Q_3, es el primer valor de la variable estadística que deja a su izquierda el 75 % de los datos.

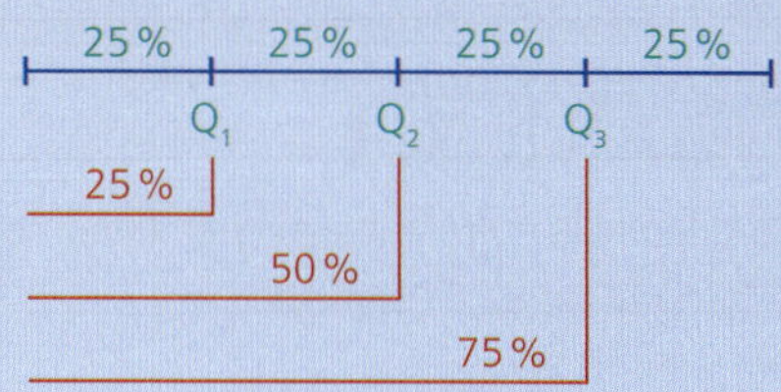

Percentiles o centiles (P_k)

Si se dividen los N datos de la población en 100 partes iguales y se señala el lugar que deja por debajo a *k* de ellas, entonces estamos considerando el centil *k* o percentil *k*, que se designa mediante P_k.

La mediana coincide con el percentil 50 ($M_e = P_{50}$), y los cuartiles Q_1 y Q_3, con P_{25} y P_{75}, respectivamente; es decir: $M_e = P_{50}$; $Q_1 = P_{25}$; $Q_3 = P_{75}$

Para hallar P_k, hay que calcular $\frac{k \cdot N}{100}$. Si este valor no coincide con ninguna de las frecuencias absolutas acumuladas, se coge el primer valor de la variable cuya frecuencia absoluta acumulada supere este dato. Pero, si este valor coincide con una frecuencia absoluta acumulada, el percentil buscado será la media aritmética entre el valor de la variable correspondiente y el siguiente.

ACTIVIDADES

ACTIVIDAD RESUELTA

15 Halla Q_1, Q_2, Q_3, P_{20} y P_{60} del siguiente conjunto de datos estadísticos: 3, 3, 4, 4, 4, 5, 6, 7, 8, 9, 10, 10

Hay un total de 12 datos: 12 : 4 = 3

- $3 \cdot 1 = 3 \Rightarrow$ El primer cuartil está entre el 3.er y el 4.º elemento. Se toma la media de ambos, de modo que: $Q_1 = (4 + 4) : 2 = 4$
- $3 \cdot 2 = 6 \Rightarrow$ El segundo cuartil está entre el 6.º y el 7.º elemento, luego: $Q_2 = (5 + 6) : 2 = 5{,}5$
- $3 \cdot 3 = 9 \Rightarrow$ El tercer cuartil está entre el 9.º y el 10.º elemento, por consiguiente: $Q_3 = (8 + 9) : 2 = 8{,}5$
- P_{20}: $(12 : 100) \cdot 20 = 2{,}4 \Rightarrow$ El 3.er elemento deja por debajo un 20 %, luego: $P_{20} = 4$
- P_{60}: $(12 : 100) \cdot 60 = 7{,}2 \Rightarrow$ El 8.º elemento deja por debajo un 60 % de los datos, así pues: $P_{60} = 7$

16 Calcula los cuartiles y los percentiles P_{20} y P_{60} del siguiente conjunto de datos estadísticos: 1, 2, 2, 2, 2, 3, 4, 5, 6, 6, 7, 8, 8, 8, 8

17 Calcula los cuartiles y los percentiles P_{10} y P_{70} de la siguiente tabla de frecuencias:

x_i	n_i
0	10
1	20
2	41
3	29
15	20

18 Halla Q_1, Q_2, Q_3, P_{10} y P_{80} de los siguientes conjuntos de datos:

a. 1, 1, 1, 3, 3, 4, 4, 4, 4, 5, 5, 6, 6, 7, 8, 8, 9, 9

b. 10, 10, 10, 12, 12, 13, 13, 14, 14, 15

05 Parámetros de dispersión

Los **parámetros de dispersión** miden la concentración o dispersión de valores alrededor de los parámetros de centralización. Permiten la representatividad de cada uno de ellos.

Rango o recorrido (R)

Es la diferencia entre el mayor y el menor valor que toma la variable estadística:

$$R = \text{valor}_{\text{máximo}} - \text{valor}_{\text{mínimo}}$$

Desviación media (DM)

Es la media aritmética de los valores absolutos de las desviaciones que tiene cada uno de los datos con respecto a la media:

$$DM = \frac{\sum_{i=1}^{n} n_i \cdot |x_i - \overline{x}|}{N}$$

Varianza y desviación típica (σ^2 y σ)

- La **varianza** (σ^2) es la media de los cuadrados de las desviaciones que tienen los datos respecto de la media. Aunque la primera fórmula es la que expresa la definición, se suele utilizar la última, que es más operativa y equivalente:

$$\sigma^2 = \frac{\sum_{i=1}^{n} n_i \cdot (x_i - \overline{x})^2}{N} = \frac{\sum_{i=1}^{n} n_i \cdot x_i^2}{N} - \overline{x}^2$$

- La **desviación típica** (σ) es la raíz cuadrada positiva de la varianza:

$$\sigma = +\sqrt{\sigma^2} = \sqrt{\frac{\sum n_i \cdot x_i^2}{N} - \overline{x}^2}$$

Se expresan en la misma magnitud que los datos y que la media: si, por ejemplo, los datos vienen dados en metros, la desviación típica se registrará en metros, y la varianza, en metros cuadrados.

Coeficiente de variación (CV)

El **coeficiente de variación de Pearson** es el cociente entre la desviación típica y el valor absoluto de la media:

$$CV = \frac{\sigma}{|\overline{x}|}$$

Se utiliza para comparar la dispersión de poblaciones heterogéneas, ya que es un indicador de variación relativa.

Mide la variación de los datos respecto a la media, sin tener en cuenta la unidad en la que están.

El coeficiente de variación se suele expresar en forma de porcentaje:

$$CV = 0{,}21 \Rightarrow CV = 21\,\%$$

ACTIVIDAD RESUELTA

Calcula e interpreta los parámetros de dispersión de la tabla:

x_i	3	4	8	9	10	Total
n_i	12	15	21	13	14	75
$n_i \cdot x_i$	36	60	168	117	140	521

x_i	n_i	$n_i \cdot x_i$	$\lvert x_i - \overline{x}\rvert \cdot n_i$	$n_i \cdot x_i^2$
3	12	36	47,4	108
4	15	60	44,25	240
8	21	168	22,05	1 344
9	13	117	26,65	1 053
10	14	140	42,7	1 400
Total	75	521	183,05	4 145

Rango: $10 - 3 = 7$

Media: $\overline{x} = \frac{521}{75} = 6{,}95$

$DM = \frac{183{,}05}{75} = 2{,}45$

$\sigma^2 = \frac{4\,145}{75} - 6{,}95^2 = 6{,}96 \Rightarrow \sigma = \sqrt{6{,}96} = 2{,}64$

$CV = \frac{2{,}64}{6{,}95} = 0{,}38 \Rightarrow CV = 38\,\%$

ACTIVIDADES

ACTIVIDAD RESUELTA

19 Calcula los parámetros de dispersión de la siguiente tabla de valores:

Clases (x_i)	Marca de clase (c_i)	n_i
[0 , 5)	2,5	20
[5 , 10)	7,5	10
[10 , 15)	12,5	15
[15 , 20)	17,5	25
[20 , 25]	22,5	30

Rango: R = 25 − 0 = 25

Obsérvese que, para frecuencias con los datos agrupados, el valor de las variables, x_i, se sustituye por el valor de la marca de clase, c_i.

Para calcular la media, se añade la columna $n_i \cdot c_i$.

De este modo, puede obtenerse el valor de la media:

$$\overline{x} = \frac{1425}{100} = 14,25$$

Se añaden también las columnas $|c_i - \overline{x}| \cdot n_i$ y $n_i \cdot c_i^2$ para hallar la desviación media y la varianza, respectivamente:

Clases (x_i)	Marca de clase (c_i)	n_i	$n_i \cdot c_i$	$\lvert c_i - \overline{x}\rvert \cdot n_i$	$n_i \cdot c_i^2$
[0 , 5)	2,5	20	50	235	125
[5 , 10)	7,5	10	75	67,5	562,5
[10 , 15)	12,5	15	187,5	26,25	2 343,75
[15 , 20)	17,5	25	437,5	81,25	7 656,25
[20 , 25]	22,5	30	675	247,5	15 187,5
Total		**100**	**1 425**	**657,5**	**25 875**

$$DM = \frac{657,5}{100} = 6,57$$

$$\sigma^2 = \frac{25\,875}{100} - 14,25^2 = 55,687\,5 \Rightarrow \sigma = \sqrt{55,69} = 7,46$$

$$CV = \frac{7,46}{14,25} = 0,52 \Rightarrow CV = 52\ \%$$

20 Las ventas de una librería durante el mes pasado fueron:

Precio del libro (€)	[6 , 9)	[9 , 12)	[12 , 15)	[15 , 18]
Unidades vendidas	12	16	25	14

Calcula los parámetros de dispersión de esta distribución.

21 Calcula la media, la desviación media, la varianza, la desviación típica y el coeficiente de variación de la siguiente distribución sobre las calificaciones de los alumnos de una clase de 4.º de ESO:

x_i	1	2	3	4	5	6	7	8	9	10
n_i	2	2	3	5	3	7	4	3	2	1

ACTIVIDAD RESUELTA

22 El precio, en euros, de los mismos ocho artículos en dos supermercados distintos son los siguientes:

- Supermercado A: 3,5 − 3 − 3,6 − 4 − 2,5 − 5 − 3,3 − 3,1
- Supermercado B: 2,8 − 3,4 − 2 − 3,3 − 2,9 − 4 − 4,1 − 4,2

Determina cuál de los supermercados tiene una mayor dispersión en sus precios.

El coeficiente de variación de Pearson se utiliza para comparar la dispersión de dos conjuntos de datos observados en diferentes medidas. El conjunto de datos que tenga mayor CV es el más disperso.

- Para el supermercado A:

$$\overline{x} = \frac{3,5 + 3 + 3,6 + 4 + 2,5 + 5 + 3,3 + 3,1}{8} = 3,50$$

$$\sigma^2 = 0,49 \Rightarrow \sigma = 0,70$$

$$CV_A = \frac{0,70}{3,50} = 0,20 \Rightarrow CV_A = 20\%$$

- Para el supermercado B:

$$\overline{x} = \frac{2,8 + 3,4 + 2 + 3,3 + 2,9 + 4 + 4,1 + 4,2}{8} = 3,34$$

$$\sigma^2 = 0,50 \Rightarrow \sigma = 0,71$$

$$CV_B = \frac{0,71}{3,34} = 0,21 \Rightarrow CV_B = 21\%$$

El supermercado A tiene los precios menos dispersos y más concentrados que el supermercado B.

23 Los masas y las alturas de siete personas se reflejan en la siguiente tabla:

Masa (kg)	60	63	70	65	63	65	68
Altura (m)	1,60	1,70	1,65	1,72	1,75	1,61	1,55

Calcula el coeficiente de variación de ambas distribuciones y determina si están más dispersas las masas o las alturas.

06 Estadística bidimensional

Para realizar un estudio estadístico y observar simultáneamente dos caracteres de un mismo individuo, se usa la estadística bidimensional. Con ella, se obtiene un par de valores por cada uno de los individuos que componen la muestra.

Por ejemplo, se desea analizar las calificaciones conseguidas por 10 alumnos de una clase de 4.º de ESO en Inglés y Matemáticas y se obtienen los siguientes pares de valores:

Alumnos	A1	A2	A3	A4	A5	A6	A7	A8	A9	A10
Inglés	9	7	7	3	5	8	7	9	1	2
Matemáticas	8	8	7	4	6	6	8	7	2	6

Observa

Los dos caracteres de una variable bidimensional no tienen por qué ser del mismo tipo:

Tipo	Variable (X, Y)
Dos caracteres cualitativos	Cualitativa/cualitativa
Dos caracteres cuantitativos	Continua/continua Discreta/continua
Un carácter cualitativo y otro cuantitativo	Cualitativa/discreta Cualitativa/continua

Variables bidimensionales

Se llama **variable estadística bidimensional** a la que expresa dos características de cada uno de los miembros de una población. Se representa por el par de valores (X, Y).

Se denomina **distribución bidimensional** a la tabla estadística bidimensional formada por todas las frecuencias absolutas de todos los valores de la variable estadística bidimensional, (X, Y).

Cuando el conjunto de pares de datos es muy grande y se repiten muchos de ellos, se suelen utilizar **tablas bidimensionales simples** que contienen dos columnas con los datos de cada variable y una tercera columna con sus frecuencias absolutas.

Tabla bidimensional simple

X	Y	n_i
x_1	y_1	n_1
x_2	y_2	n_2
…	…	…
x_n	y_n	n_n

Tablas bidimensionales

Una forma de presentar la información de las variables bidimensionales es mediante las **tablas de doble entrada.** En estas tablas se colocan los valores de la variable estadística X en la primera columna y los valores de la variable Y en la primera fila. En las casillas interiores se indican las frecuencias absolutas que corresponden al par que determina la fila y la columna en la que se encuentra la casilla:

$X \backslash Y$	y_1	y_2	…	y_1	Sumas
x_1	n_{11}	n_{12}	…	n_{1j}	$n_{11} + n_{12} + \ldots + n_{1j}$
x_2	n_{21}	n_{22}	…	n_{2j}	$n_{21} + n_{22} + \ldots + n_{2j}$
…	…	…	…	…	…
x_i	n_{i1}	n_{i2}	…	n_{ij}	$n_{i1} + n_{i2} + \ldots + n_{ij}$
Sumas	$n_{11} + n_{21} + \ldots + n_{i1}$	$n_{12} + n_{22} + \ldots + n_{i2}$	…	$n_{1j} + n_{2j} + \ldots + n_{ij}$	N

Distribución marginal de X

Distribución marginal de Y

Total de elementos de la población

Distribuciones marginales

Si en una tabla de doble entrada se tiene en cuenta únicamente la variable *X* y el recuento de sus frecuencias (registrado en la última columna) sin que intervengan los valores de *Y*, se obtiene la **distribución marginal de la variable *X*.** Análogamente, cuando se toma la variable *Y* sin tener en cuenta los valores de *X*, resulta la **distribución marginal de la variable *Y*.**

ACTIVIDAD RESUELTA

Las notas en Matemáticas e Inglés de 42 alumnos de 4.º de ESO son:

(3 , 3), (3 , 3), (4 , 5), (4 , 8), (4 , 8), (5 , 3), (5 , 3), (5 , 5), (5 , 8), (5 , 8), (6 , 6), (6 , 6), (5 , 3), (6 , 6), (6 , 7), (5 , 3), (5 , 5), (5 , 5), (5 , 5), (5 , 5), (5 , 8), (5 , 8), (6 , 7), (6 , 7), (3 , 3), (5 , 5), (7 , 7), (7 , 7), (7 , 7), (8 , 8), (8 , 8), (8 , 9), (5 , 3), (8 , 8), (4 , 5), (4 , 5), (4 , 5), (3 , 5), (3 , 5), (2 , 4), (3 , 5), (2 , 4)

Representa esta información en una tabla bidimensional simple. A partir de ella construye una tabla de doble entrada y las tablas de distribución marginal de cada variable.

Tabla bidimensional simple:

X	2	3	3	4	4	5	5	5	6	6	7	8	8
Y	4	3	5	5	8	3	5	8	6	7	7	8	9
n_i	2	3	3	4	2	5	6	4	3	3	3	3	1

Tabla de doble entrada:

X \ Y	3	4	5	6	7	8	9	Sumas
2	0	2	0	0	0	0	0	**2**
3	3	0	3	0	0	0	0	**6**
4	0	0	4	0	0	2	0	**6**
5	5	0	6	0	0	4	0	**15**
6	0	0	0	3	3	0	0	**6**
7	0	0	0	0	3	0	0	**3**
8	0	0	0	0	0	3	1	**4**
Sumas	**8**	**2**	**13**	**3**	**6**	**9**	**1**	42

Distribución marginal de *X*:

x_i	n_i
2	2
3	6
4	6
5	15
6	6
7	3
8	4

Distribución marginal de *Y*:

y_i	n_i
3	8
4	2
5	13
6	3
7	6
8	9
9	1

ACTIVIDADES

24 Calcula las distribuciones marginales de *X* e *Y*, las medias y las varianzas de estos datos:

X \ Y	5	6	7	Sumas
7	2	1	0	**3**
8	1	2	1	**4**
9	2	2	2	**6**
10	0	0	2	**2**
Sumas	**5**	**5**	**5**	15

25 A continuación se muestra la información relacionada con la masa (*X*, en kilogramos) y la estatura (*Y*, en centímetros) de 20 estudiantes:

(70 , 170), (70 , 171), (70 , 170), (71 , 171), (72 , 170), (72 , 170), (74 , 171), (74 , 170), (74 , 172), (74 , 172), (75 , 170), (75 , 170), (75 , 172), (75 , 173), (75 , 175), (75 , 175), (75 , 175), (75 , 179), (75 , 180), (75 , 180)

Representa los datos en una tabla de doble entrada, y halla las distribuciones marginales de *X* e *Y*.

07 Dependencia aleatoria y funcional

A partir de la tabla de una variable bidimensional se puede realizar una representación gráfica de los pares de puntos que forman parte de dicha distribución. En el eje de abscisas se escriben los valores de la variable *X*, y en el eje de ordenadas, los valores de la variable *Y*.

Esta representación da lugar a un conjunto de puntos sobre el plano que se denomina **diagrama de dispersión** o **nube de puntos.**

ACTIVIDAD RESUELTA

Representa mediante un diagrama de dispersión las temperaturas máxima y mínima (en grados centígrados) de una ciudad española a lo largo de 10 días:

X (temperatura máxima)	4	5	6	7	8	9	10	11
Y (temperatura mínima)	3	4	4	5	6	7	5	6

Se representan en los ejes los pares de puntos (4 , 3), (5 , 4), (6 , 4), (7 , 5), (8 , 6), (9 , 7), (10 , 5) y (11 , 6) y se obtiene la nube de puntos de la gráfica del margen.

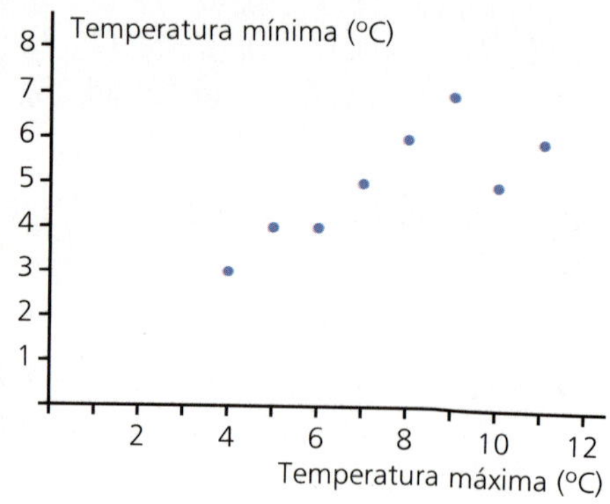

Según sea la nube de puntos se puede apreciar, de forma aproximada, el tipo de relación o dependencia que existe entre ambas variables. La relación entre las dos variables de una distribución bidimensional puede ser:

- **Dependencia funcional,** si los valores se ajustan a la gráfica de una función.
- **Dependencia aleatoria,** si los valores no se ajustan a la gráfica de una función, pero guardan cierta relación.

A dicha dependencia entre las variables se la denomina **correlación.** Existen distintos tipos de correlación:

- **Correlación positiva,** cuando, al aumentar una variable, se incrementa también la otra.
- **Correlación negativa**, cuando, al aumentar una variable, la otra disminuye.
- **Correlación nula,** si no existe ninguna dependencia entre las variables.

Dependencia funcional positiva

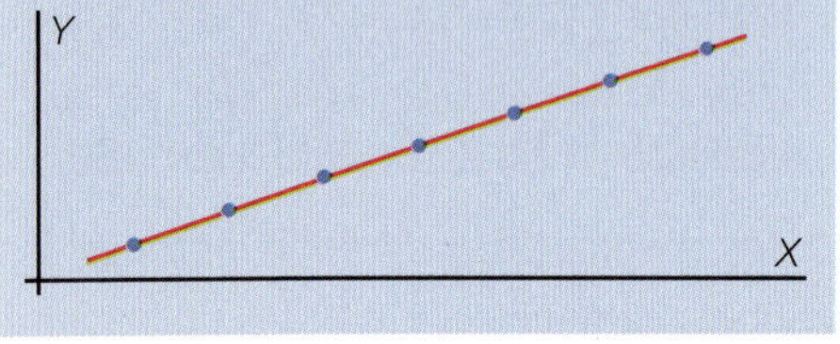

Dependencia aleatoria o correlación positiva

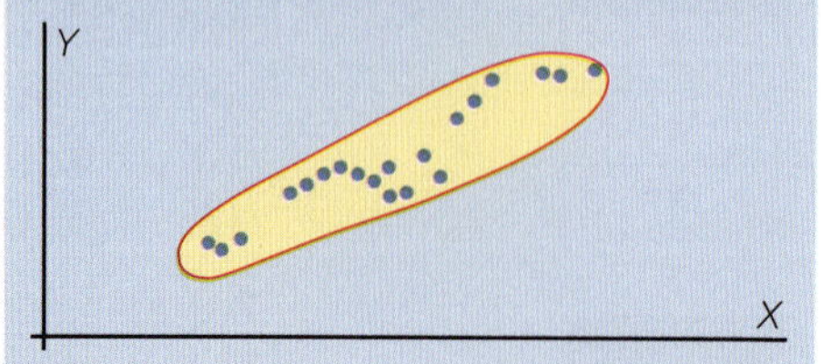

Dependencia aleatoria o correlación negativa

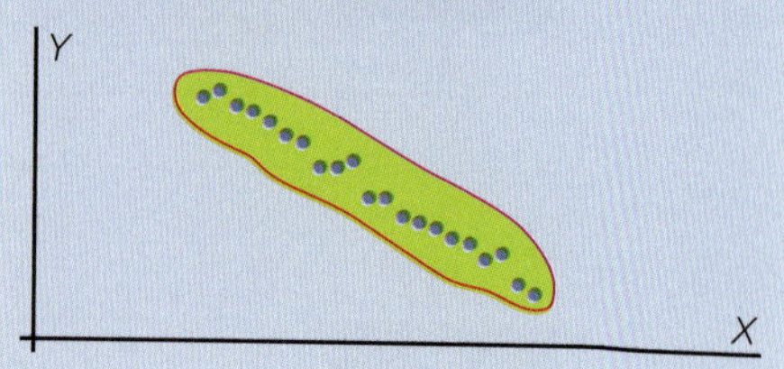

ACTIVIDAD RESUELTA

Representa los diagramas de dispersión de las siguientes variables bidimensionales e indica el tipo de dependencia que tienen:

X	1	2	3	4	5	6	7	8	9	10
Y	5	4	4	7	11	11	15	17	18	21

X	1	2	3	4	5	6	7	8	9	10
Y	3	5	1	2	3	8	9	1	4	3

A la vista de sus diagramas de dispersión, se puede concluir que la primera variable tiene dependencia aleatoria y guarda una correlación positiva, mientras que la segunda variable tiene una correlación nula.

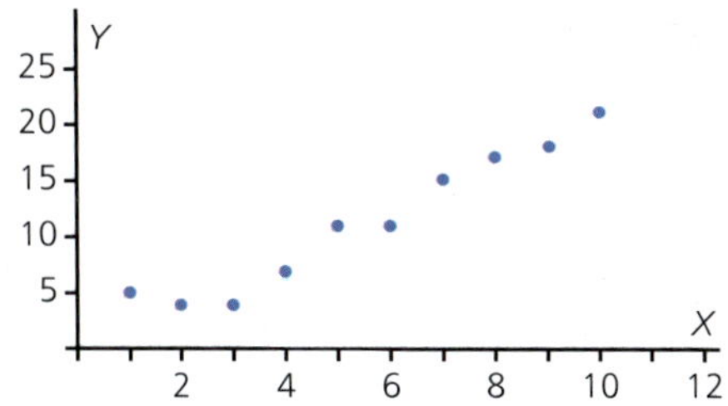

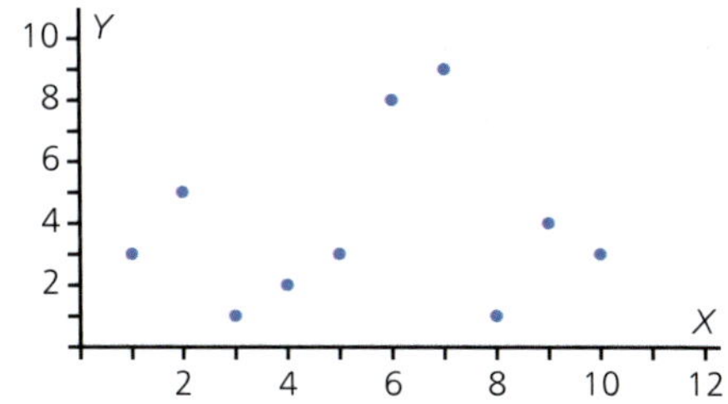

ACTIVIDADES

26 Indica, en cada caso, si entre las dos variables existe una relación funcional o aleatoria y, en caso de ser aleatoria, si es positiva o negativa.

a. *X:* Temperatura a la que se calienta una barra de hierro.
   Y: Longitud que alcanza la barra.

b. *X:* Altura de una persona en centímetros.
   Y: Número de calzado que utiliza.

c. *X:* Número de personas que viven en una casa.
   Y: Coste, en euros, del recibo de la electricidad.

d. *X:* Espacio recorrido por el AVE Madrid-Sevilla.
   Y: Tiempo empleado en el recorrido.

27 Indica, para los siguientes diagramas de dispersión, si la dependencia que existe entre las variables bidimensionales es funcional o aleatoria:

a.
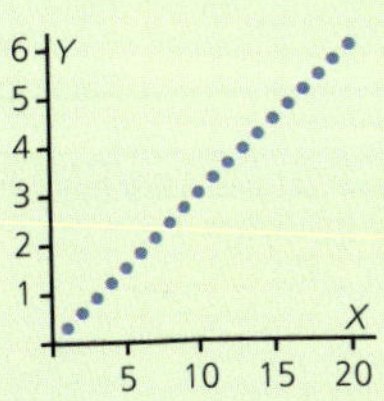

c.
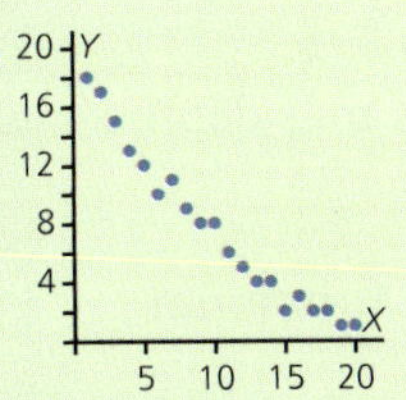

b.
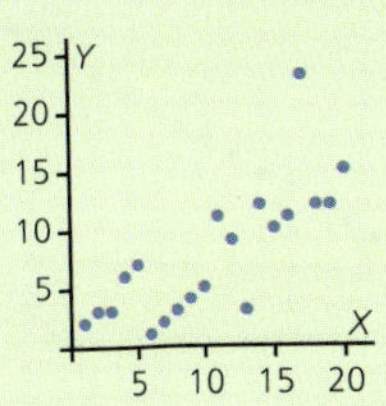

d.
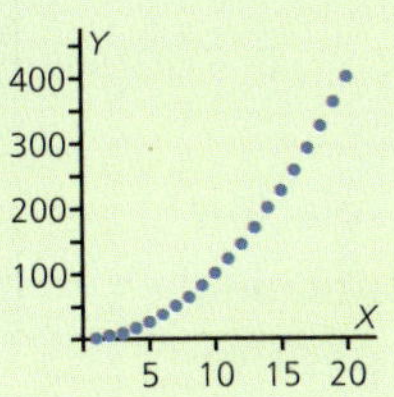

28 Representa mediante una nube de puntos o diagrama de dispersión los datos de la siguiente tabla bidimensional y analiza si existe correlación entre las variables:

X	0	1	2	3	4	5	6	7	8	9
Y	3	3,5	4	4,5	5,5	6	7	7,8	8	8

29 En un pueblo se ha tomado una muestra de 20 familias y se les ha preguntado por los gastos mensuales y el número de miembros de la unidad familiar. La información obtenida es la siguiente:

(800 , 2), (850 , 3), (700 , 3), (1 000 , 3), (950 , 2), (1 100 , 3), (950 , 4), (1 500 , 4), (1 800 , 4), (1 750 , 4), (950 , 3), (1 300 , 4), (1 900 , 4), (2 000 , 5), (1 900 , 0), (1 100 , 3), (1 200 , 4), (2 000 , 4), (2 100 , 5), (1 850 , 4)

Representa la información en un diagrama de dispersión y analiza si existe alguna correlación entre las variables.

30 La siguiente nube de puntos muestra la relación de los datos de dos variables recogidos para 12 individuos: *X* indica el número de horas que han dormido diariamente durante el último mes, e *Y*, el número de veces que han tenido jaquecas en dicho periodo de tiempo. Determina si existe algún tipo de correlación entre ambas variables.

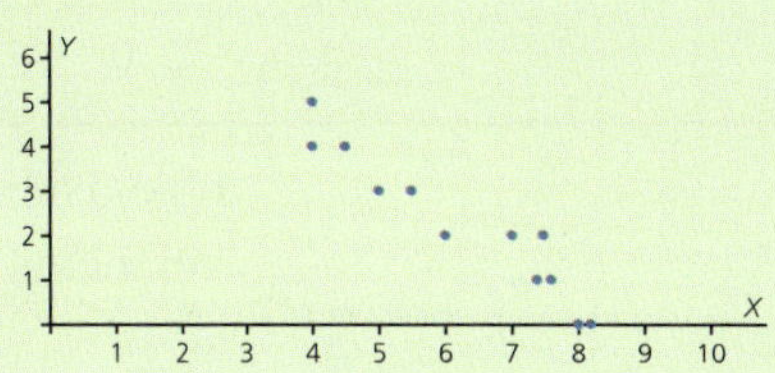

Cálculo de la covarianza de variables bidimensionales

A partir de una variable bidimensional, (X, Y), se pueden obtener sus distribuciones marginales, sus medias y sus desviaciones típicas.

Para la distribución marginal X, se indican su media con $\bar{x}$ y su desviación típica con σ_x. Para la distribución marginal Y, se indican su media con $\bar{y}$ y su desviación típica con σ_y.

Al punto $(\bar{x}, \bar{y})$ se lo llama **centro de gravedad o de masas** de la variable bidimensional.

Además de estos parámetros unidimensionales, existe un parámetro determinado por ambas distribuciones que se denomina **covarianza o varianza conjunta** de las variables X e Y.

La covarianza de la variable bidimensional (X, Y), que toma los pares de valores (x_1, y_1), (x_2, y_2), (x_3, y_3), ..., (x_i, y_j), se simboliza como σ_{xy} y viene dada por la siguiente expresión:

$$\sigma_{xy} = \frac{\sum n_{ij} \cdot x_i \cdot y_j}{N} - \bar{x} \cdot \bar{y}$$

Coeficiente de correlación lineal

Una de las dependencias aleatorias que se estudian con mayor frecuencia es la correlación lineal, es decir, si los puntos del diagrama de dispersión se concentran en torno a una recta.

Con objeto de medir esa dependencia lineal, se usa el **coeficiente de correlación lineal de Pearson, *r*,** cuyo valor varía entre –1 y 1, es adimensional y se define por:

$$r = \frac{\sigma_{xy}}{\sigma_x \cdot \sigma_y}$$

- Si **r = –1**, existe una correlación negativa, lo que implica una **relación funcional negativa.**
- Si **–1 < r < 0**, existe una **correlación negativa.** La dependencia es más fuerte cuanto más se acerque a –1 y más débil al aproximarse a cero.
- Si **r = 0, no existe ninguna relación,** lo que indica que hay independencia entre X e Y.
- Si **0 < r < 1**, existe una **correlación positiva.** La dependencia es más débil cuanto más se acerque a cero y más fuerte al aproximarse a 1.
- Si **r = 1**, existe una correlación positiva, es decir, hay una **relación funcional positiva.**

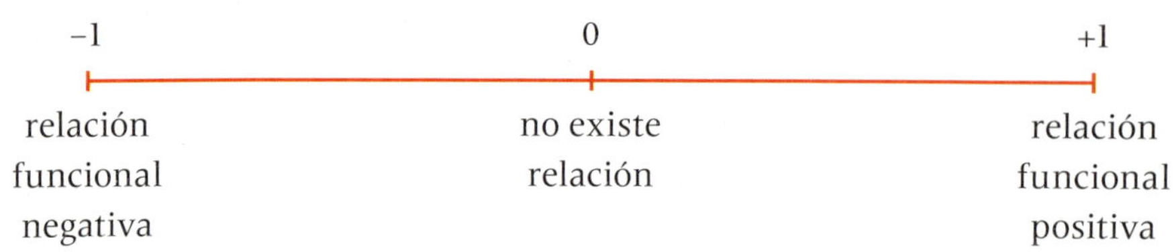

Diagramas de dispersión y coeficientes de correlación lineal de Pearson

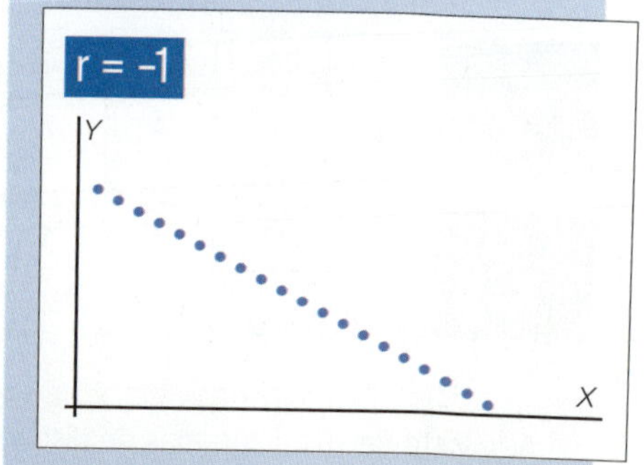

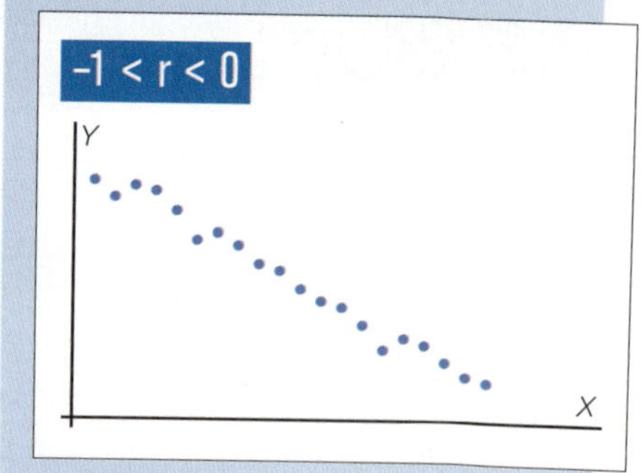

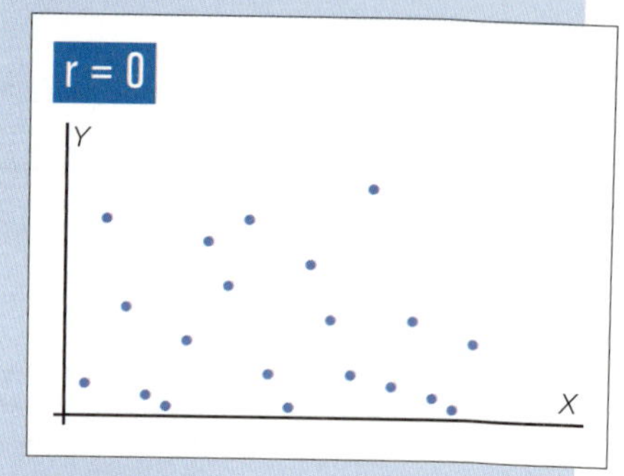

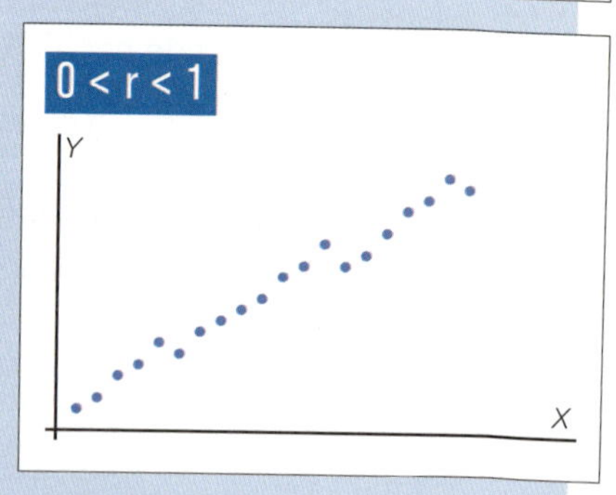

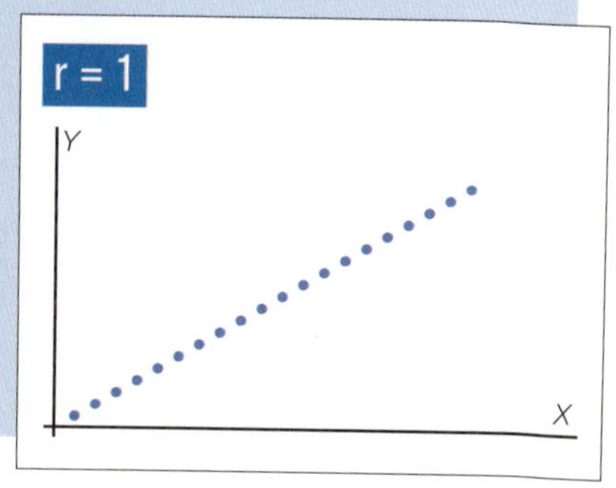

ACTIVIDADES

ACTIVIDAD RESUELTA

31 Dada la siguiente tabla de doble entrada:

X \ Y	10	11	12
1	5	2	2
2	1	3	2
3	2	1	0
4	3	2	1

a. Calcula la covarianza y el coeficiente de correlación lineal.

b. Interpreta el resultado obtenido.

a. Para calcular la covarianza, se construye una tabla bidimensional:

x_i	y_j	n_{ij}	$x_i \cdot n_{ij}$	$y_j \cdot n_{ij}$	$x_i \cdot y_j \cdot n_{ij}$	$x_i^2 \cdot n_{ij}$	$y_j^2 \cdot n_{ij}$
1	10	5	5	50	50	5	500
1	11	2	2	22	22	2	242
1	12	2	2	24	24	2	288
2	10	1	2	10	20	4	100
2	11	3	6	33	66	12	363
2	12	2	4	24	48	8	288
3	10	2	6	20	60	18	200
3	11	1	3	11	33	9	121
3	12	0	0	0	0	0	0
4	10	3	12	30	120	48	300
4	11	2	8	22	88	32	242
4	12	1	4	12	48	16	144
Total		24	54	258	579	156	2 788

Medias y desviaciones típicas de las variables *X* e *Y*:

$$\bar{x} = \frac{54}{24} = 2{,}25;\ \sigma_x = \sqrt{\frac{156}{24} - 2{,}25^2} = 1{,}2$$

$$\bar{y} = \frac{258}{24} = 10{,}75;\ \sigma_y = \sqrt{\frac{2\,788}{24} - 10{,}75^2} = 0{,}78$$

Covarianza de *X* e *Y*:

$$\sigma_{xy} = \frac{\sum n_{ij} \cdot x_i \cdot y_j}{N} - \bar{x} \cdot \bar{y} = \frac{579}{24} - 2{,}25 \cdot 10{,}75 = -0{,}06$$

El coeficiente de correlación lineal es:

$$r = \frac{\sigma_{xy}}{\sigma_x \cdot \sigma_y} = \frac{-0{,}06}{1{,}2 \cdot 0{,}78} = -0{,}06$$

b. Como el coeficiente de correlación lineal es un valor muy próximo a cero, cabe deducir que no existe dependencia entre las dos variables.

32 Calcula la covarianza de las siguientes distribuciones bidimensionales:

a.

X	3	4	4	5	5	6	7	9
Y	2	1	3	4	5	1	3	4

b.

X	0	1	1	3	2	3	1	2
Y	8	9	7	8	8	9	7	8

c.

X	1	1	2	2	2	3	3	3
Y	9	8	1	7	2	3	4	1

33 Representa estos datos en una nube de puntos:

X	1	3	5	7	9	11
Y	2	4	6	8	10	12

a. Calcula σ_x, σ_y y σ_{xy}.

b. Halla el coeficiente de correlación lineal.

34 Considera la variable estadística bidimensional:

X \ Y	2	3	5	7
4	3	1	4	1
7	1	3	1	1
11	1	1	3	5
13	1	3	1	2

Halla la covarianza y el coeficiente de correlación lineal e interpreta el resultado.

35 Una empresa decide estudiar la posible relación entre los gastos mensuales en teléfono y sus ingresos también mensuales, ambos en miles de euros. En una muestra se recogen los siguientes datos:

X	12	11	12	13	14	15	16	12
Y	800	850	950	1 010	1 200	1 500	1 800	900

a. Calcula las medias aritméticas y las desviaciones típicas de las distribuciones marginales.

b. Representa en una nube de puntos los datos y el centro de gravedad.

c. Halla la covarianza de la distribución conjunta.

d. Determina el coeficiente de correlación e interpreta el resultado.

HERRAMIENTAS TECNOLÓGICAS

Tablas de frecuencias con Excel

Frecuencias absolutas

Para introducir una tabla de frecuencias en Excel, primero se da título a la columna de datos y a la de frecuencias absolutas y se introducen los datos.

5		
6	edad	frec absol
7	13	3
8	14	4
9	15	7
10	16	10
11	17	11
12	18	8
13	19	2
14		

Suma de los datos de una columna

Si se desea sumar los valores de toda una columna, se utiliza la función **SUMA** y se indica el rango de valores que se desea sumar. Así, para sumar las frecuencias absolutas del ejemplo anterior en la celda B14, se escribe **=SUMA(B7:B13)** y, al pulsar *Intro,* se obtiene la suma total, 45.

Columnas paralelas auxiliares

La columna de frecuencias relativas se introduce en una columna paralela. Se escribe la fórmula **=C7/45** en la primera celda de la columna y luego se arrastra con el ratón por las celdas en las que se quiere copiar.

De este modo, para obtener el resultado de $x_i \cdot n_i$ del ejemplo inicial, basta con introducir en la celda D7 la fórmula **=A7*B7** y arrastrarla, a continuación, hasta la celda deseada.

En el caso de la columna $x_i^2 \cdot n_i$ se escribe en E7 la fórmula **=A7^2*B7** y se copia en las celdas inferiores tantas veces como sea necesario.

La suma de las nuevas columnas se realiza como se ha indicado en el apartado anterior.

	A	B	C	D	E
1					
2					
3					
4					
5					
6	edad	frec absol	fre. Relat	dato·fr abs	dato^2·fre
7	13	3	0,066666667	39	507
8	14	4	0,088888889	56	784
9	15	7	0,155555556	105	1575
10	16	10	0,222222222	160	2560
11	17	11	0,244444444	187	3179
12	18	8	0,177777778	144	2592
13	19	2	0,044444444	38	722
14		45	1	729	11919

Cálculo de la media, la varianza y la desviación típica

A fin de llevar a cabo estos cálculos, basta con situarse en la celda donde se quiere realizar e introducir la fórmula correspondiente.

Por ejemplo, la obtención de la media de los datos de la tabla anterior en la celda B2 solo requiere escribir la fórmula **=D14/B14.** La varianza, por su parte, se obtiene introduciendo en la celda B3 la fórmula **=(E14/B14)-B2^2.**

Finalmente, para obtener la desviación típica, se escribe la fórmula **=RAIZ(B3)** en la celda B4.

B
16,2
2,426666667
1,557776193

Gráficos estadísticos con Excel

Diagrama de barras

La creación del diagrama de barras de un conjunto de datos requiere seleccionar las frecuencias absolutas y elegir las opciones **Insertar, Columna** y **Columna en 2D.**

Después hay que modificar los datos del eje *X,* ya que por defecto aparecen valores diferentes. Para ello, se sitúa el ratón en los datos del eje horizontal, se pulsa el botón derecho, se elige **Seleccionar datos** y, en la ventana de diálogo que se obtiene, se pulsa **Editar.** Por último, se introduce el rango de datos deseado en la ventana emergente:

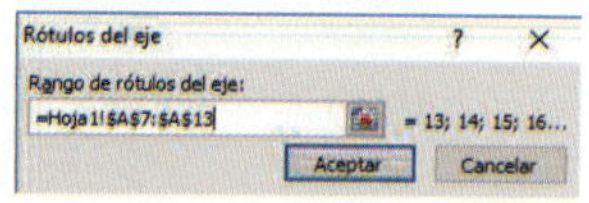

Se obtiene, de este modo, el diagrama de barras asociado:

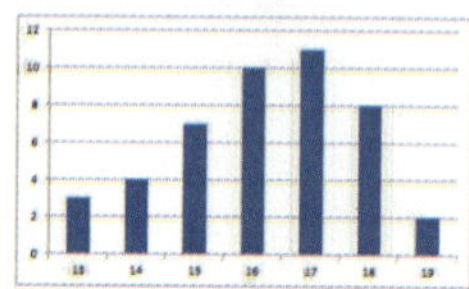

Diagrama de sectores

Para hacer el diagrama de sectores de un conjunto de datos, se seleccionan sus frecuencias absolutas, se elige **Insertar circular** y, si se escoge, por ejemplo, **Gráfico 2D,** el resultado será el diagrama de sectores de la imagen. Las etiquetas que aparecen se podrían manipular de forma más específica accediendo a diversas opciones del diagrama.

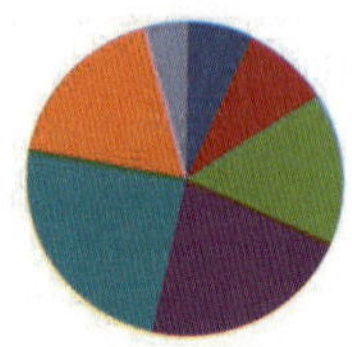

Diagrama de dispersión o nube de puntos

Para obtener un diagrama de dispersión de una variable bidimensional, se seleccionan las dos columnas y se pulsa **Insertar, Dispersión, Dispersión solo con marcadores** y aparecerá automáticamente la nube de puntos de esta variable:

1	4
1,1	4,4
1,2	5,1
1,3	4,3
1,4	4,4
1,5	5
1,6	4,2
1,7	4
1,8	3,8
1,9	3,4
2	3,5
2,1	3,2
2,2	2,1
2,3	3,8

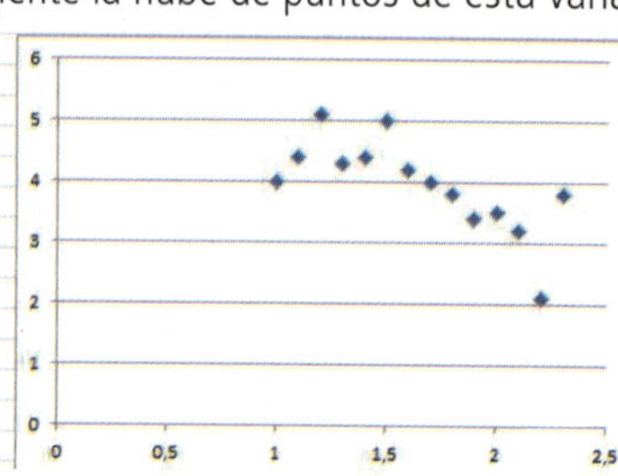

APRENDO A APRENDER

Copia en tu cuaderno este mapa conceptual, complétalo y responde a las cuestiones que aparecen a continuación:

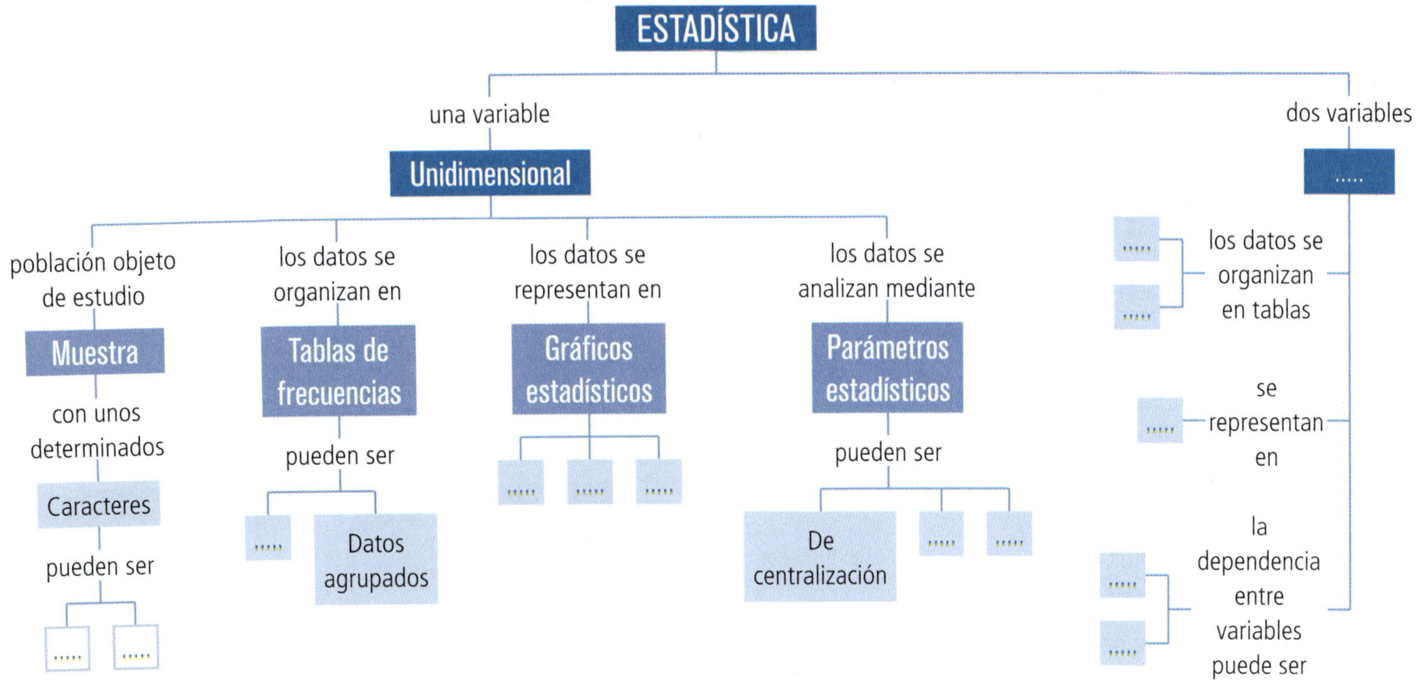

ACTIVIDADES

1 Indica, razonando la respuesta, si los siguientes enunciados son verdaderos o falsos:

a. Una variable estadística recogida en una tabla de frecuencias con datos agrupados se puede representar en un diagrama de barras.

b. Los histogramas se utilizan para representar tablas de frecuencias con los datos agrupados.

c. La variable estadística que analiza la distancia, en kilómetros, que separa a los empleados de una localidad de su puesto de trabajo es cuantitativa discreta.

d. En una tabla de frecuencias, al cociente entre la frecuencia absoluta y el número de datos se lo denomina frecuencia absoluta acumulada.

e. La suma de las frecuencias absolutas de los valores menores o iguales a un dato, x_i, se denomina frecuencia absoluta acumulada.

f. La mediana es el valor de la variable que tiene mayor frecuencia absoluta.

g. La desviación típica es un parámetro de dispersión que se mide en la misma unidad que los datos.

h. El coeficiente que permite comparar la dispersión de poblaciones heterogéneas es el coeficiente de variación.

i. Si la nube de puntos de una variable bidimensional forma una recta, se puede afirmar que la dependencia entre las variables es funcional.

j. Si el coeficiente de correlación de Pearson de una distribución bidimensional es $r = 0{,}8$, se dice que la correlación es positiva y fuerte entre las variables.

k. Si la correlación entre dos variables estadísticas es nula, el coeficiente de correlación de Pearson es 1.

l. La covarianza es un parámetro de dispersión de una variable unidimensional.

m. Si en una distribución bidimensional las desviaciones típicas de sus distribuciones marginales y su covarianza son $\sigma_x = 0{,}5$, $\sigma_y = 1{,}4$ y $\sigma_{xy} = 0{,}7$, entonces se puede garantizar que las variables estadísticas X e Y tienen una dependencia funcional.

REPASO FINAL

CONCEPTOS ESTADÍSTICOS

1 Clasifica las siguientes variables estadísticas en cualitativas, cuantitativas discretas o cuantitativas continuas:

a. El número de libros que leen los alumnos de un instituto.

b. El color de los vehículos que circulan por una autopista.

c. El número de veces que utilizan el avión los habitantes de un país a lo largo de un año.

d. La frecuencia con la que pasan los autobuses de una determinada parada de autobús urbano.

e. Las palabras que empiezan por la letra A que pronuncia una persona a lo largo del día.

2 Formad grupos de 4 personas y considerad características de los turistas de la Comunidad Valenciana que sean susceptibles de un estudio estadístico.

a. Enumera tres ejemplos de caracteres que den lugar a variables cualitativas.

b. Indica tres ejemplos de caracteres que den lugar a variables cuantitativas discretas.

c. Escribe tres ejemplos de caracteres que den lugar a variables cuantitativas continuas.

FRECUENCIAS Y TABLAS ESTADÍSTICAS

3 Construye la tabla de frecuencias asociada a la siguiente distribución:

N.º de componentes	2	3	4	5	6
N.º de familias	4	8	10	6	2

4 Se desea analizar el color de los ojos de los habitantes de una población gallega. Se ha recogido una muestra de 100 individuos y se han obtenido los siguientes datos:

Color de ojos	N.º alumnos
Azules	20
Marrones	25
Miel	5
Negros	30
Verdes	20

a. Determina el tipo de variable estadística.

b. Construye una tabla de frecuencias.

5 Una empresa desea analizar lo que sus empleados gastan en transporte, en euros, para valorar la implementación de un complemento de transporte que se adecúe a las necesidades medias. A tal fin, ha realizado 50 encuestas, de las que han obtenido los siguientes resultados:

80, 81, 90, 255, 200, 120, 123, 124, 123, 127,
135, 91, 93, 87, 134, 123, 121, 105, 98, 103,
97, 104, 115, 234, 237, 225, 98, 250, 200, 198,
99, 220, 225, 230, 145, 241, 243, 231, 201, 200,
198, 195, 145, 87, 96, 99, 234, 200, 198, 156

a. Determina cuál es el tipo de variable estadística.

b. Elabora la tabla de frecuencias adecuada.

6 Copia y completa en tu cuaderno las siguientes tablas de frecuencias:

x_i	n_i	f_i	N_i	F_i
1			2	
2				
3		0,25		
4	4		14	
5		0,3		
Total	20			

x_i	n_i	f_i	N_i	F_i
2	1		1/11	
3	2			
4		5		
5	4			
6		11		
Total				

GRÁFICOS ESTADÍSTICOS

7 Construye un diagrama de barras o un histograma, según el tipo de datos, así como el polígono de frecuencias correspondiente y el diagrama de sectores asociado a las distribuciones de las actividades 4, 5 y 6.

8 En la siguiente tabla se ha recogido información sobre el color de los ojos de los alumnos de 4.º de ESO de cierto centro:

Color de ojos	N.º alumnos
Azules	20
Marrones	40
Verdes	18
Negros	12

a. Representa los datos en una gráfica adecuada y construye su polígono de frecuencias.

b. Completa la tabla para construir el diagrama de sectores de esta distribución y dibújalo.

9 Construye las tablas de frecuencias asociadas a las variables estadísticas representadas en los siguientes gráficos:

a.

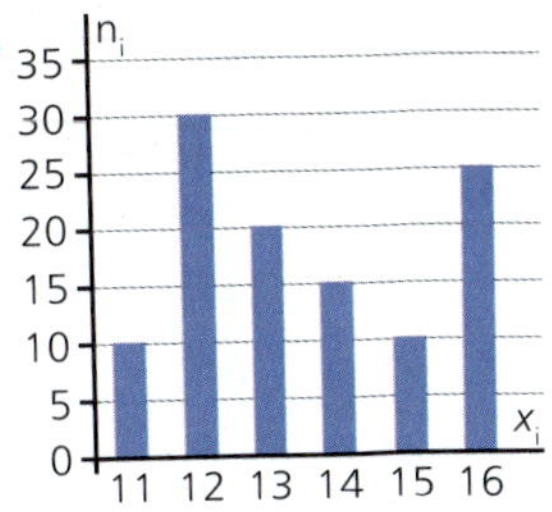

b.

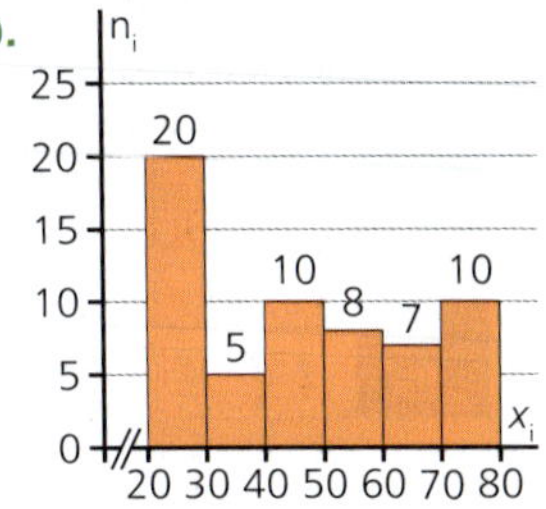

10 ⊕ El siguiente diagrama de sectores representa la distribución de una variable aleatoria en la que el total de datos es 100:

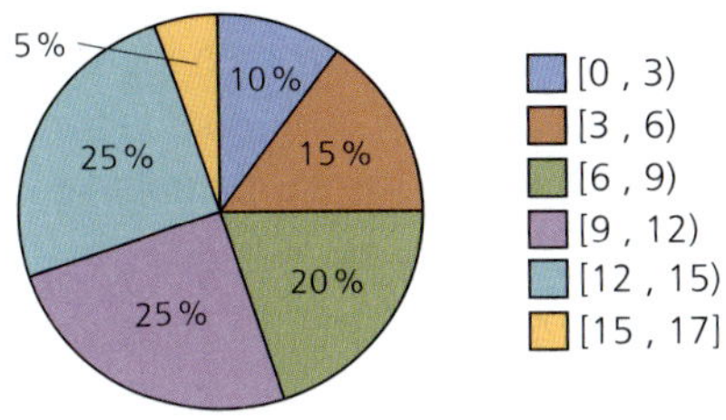

a. Representa los datos en un histograma.

b. Construye la tabla de frecuencias asociada con las columnas de clases, marcas de clase, frecuencias absolutas y relativas y frecuencias acumuladas absolutas y relativas.

PARÁMETROS DE CENTRALIZACIÓN Y DE POSICIÓN

11 Calcula la media aritmética, la mediana y la moda del IVA que se aplicaba en el año 2010 en los siguientes países europeos:

España: 0,16 – Alemania: 0,07 – Francia: 0,18
Italia: 0,2 – Portugal: 0,17 – Finlandia: 0,22

12 Halla la media, la moda y la mediana de las siguientes distribuciones:

a.

x_i	n_i
0	12
1	9
2	7
3	6
4	3
5	3

b.

Intervalo	n_i
[160 , 165)	4
[165 , 170)	5
[170 , 175)	13
[175 , 180)	17
[180 , 185)	8
[185 , 190]	3

13 De una distribución estadística que estudia la estatura, en centímetros, de los habitantes de cierto país, se han obtenido los siguientes datos: $P_{10} = 120$, $P_{30} = 150$, $P_{60} = 170$ y $P_{75} = 185$.

a. ¿Qué porcentaje de población tiene una altura menor o igual que 120 cm?

b. ¿Qué porcentaje de población tiene una altura mayor o igual que 170 cm?

c. ¿Qué estatura máxima tiene un 75 % de la población?

d. ¿Qué estatura máxima tiene un 60 % de la población?

e. ¿Qué porcentaje de la población tiene una altura mayor o igual que 150 cm?

14 Preguntadas por el número de horas que pasan frente al televisor a lo largo de un día, 100 personas han contestado lo siguiente:

1, 2, 3, 1, 1, 1, 2, 3, 1, 1, 3, 2, 3, 4, 5, 2, 2, 1, 3, 2,
3, 2, 1, 3, 2, 3, 5, 1, 2, 4, 5, 6, 1, 2, 3, 4, 5, 6, 5, 4,
4, 3, 2, 3, 4, 2, 3, 5, 3, 1, 3, 5, 4, 1, 1, 1, 2, 2, 2, 2,
4, 1, 1, 1, 1, 1, 3, 4, 4, 5, 6, 7, 6, 7, 2, 5, 5, 6, 3, 4,
5, 6, 8, 2, 1, 2, 1, 3, 3, 4, 3, 2, 2, 2, 2, 1, 3, 4, 3, 4

Calcula la media, la moda, los cuartiles y los percentiles 10, 40 y 60. Interpreta los resultados y contesta a las siguientes preguntas:

a. ¿Qué porcentaje de la población está frente al televisor 5 horas al día o menos?

b. ¿Qué porcentaje de la población pasa frente al televisor 6 horas al día o más?

15 Se ha realizado una encuesta a un grupo de 160 personas acerca del número de veces que acuden al teatro a lo largo de un mes. Los datos se han representado en el siguiente diagrama de barras:

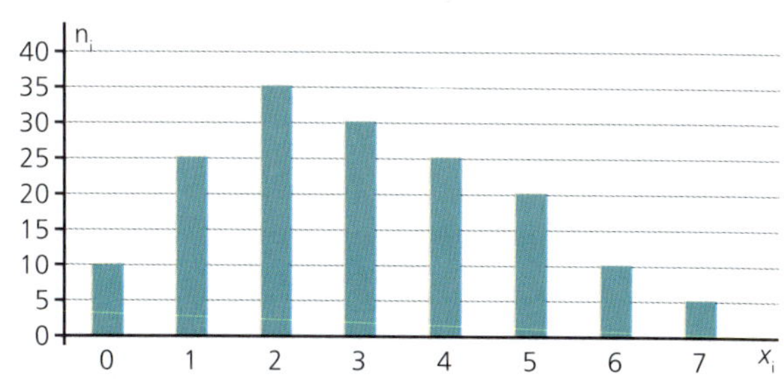

a. Elabora la tabla de frecuencias asociada.

b. Calcula la media, la moda y la mediana e interpreta los resultados.

c. Halla los cuartiles e interpreta los resultados obtenidos.

REPASO FINAL

PARÁMETROS DE DISPERSIÓN

16 Calcula el rango, la desviación media, la varianza, la desviación típica y el coeficiente de variación de los siguientes conjuntos de datos:

a. 1, 2, 2, 5, 7, 8

b. 0, 0, 1, 2, 2, 8, 9, 10

c. 1, 1, 1, 2, 3, 3, 4, 5, 7, 7, 8, 8

¿Cuál de las tres distribuciones tiene los datos más dispersos?

17 Calcula el rango, la desviación media, la varianza, la desviación típica y el coeficiente de variación de las distribuciones representadas en las siguientes tablas de frecuencias:

a.

x_i	n_i
0	10
1	7
2	6
3	2
4	1
5	4

b.

Intervalo	n_i
[2 , 2,5)	10
[2,5 , 3)	9
[3 , 3,5)	11
[3,5 , 4]	7

18 ⊕ A partir del estudio estadístico del número de pulsaciones por minuto de 40 personas:

50	52	65	67	70	73	56	90	88	78
86	67	79	82	83	87	78	83	74	76
65	67	63	78	87	79	80	82	78	89
75	67	67	66	60	59	69	61	63	87

Calcula los parámetros de dispersión a partir de una tabla de frecuencias para datos agrupados en 5 intervalos.

19 La altura media de los habitantes de una localidad, A, es de 165 cm y su desviación típica de 10 cm. Por otro lado, la altura media de los habitantes de la localidad vecina, B, es de 175 cm y su desviación típica de 15 cm. Calcula el coeficiente de variación de ambas distribuciones y compara la dispersión que hay entre las alturas de los habitantes de las dos localidades.

20 Se quiere comparar la duración de dos marcas de bombillas, *X* e *Y*. Con este fin, se eligen dos muestras de 9 unidades y se obtienen las siguientes duraciones (en días):

X	258	298	315	305	300	299	317	320	325
Y	315	300	299	310	290	297	277	315	317

¿Cuál de las dos marcas es más homogénea? Comprueba tu razonamiento a través de dos parámetros de dispersión.

ESTADÍSTICA BIDIMENSIONAL

21 Considera los datos de la siguiente variable bidimensional, (*X* , *Y*):

X	1	1	1	2	2	2	2	3	3	3	3
Y	1	1	2	1	2	3	1	2	3	2	1
n_i	2	1	2	3	1	2	1	3	1	3	3

a. Construye la tabla de doble entrada asociada.

b. Calcula las distribuciones marginales de *X* e *Y*. Después, halla sus medias y sus desviaciones típicas.

22 ⊕ Las puntuaciones obtenidas por 40 alumnos en dos pruebas físicas se han recogido en los siguientes pares de valores, (*X* , *Y*), donde *X* es la puntuación obtenida en la primera prueba, e *Y*, la puntuación obtenida en la segunda:

(3 , 3), (3 , 3), (3 , 4), (3 , 4), (3 , 5), (3 , 6), (3 , 7), (3 , 8), (3 , 8), (3 , 9), (4 , 3), (4 , 4), (4 , 4), (4 , 4), (4 , 4), (4 , 5), (4 , 5), (4 , 6), (5 , 3), (5 , 3), (5 , 3), (5 , 6), (5 , 8), (5 , 8), (6 , 5), (6 , 6), (6 , 6), (6 , 8), (7 , 3), (7 , 3), (7 , 4), (7 , 4), (7 , 4), (7 , 5), (7 , 5), (7 , 7), (7 , 8), (7 , 8), (7 , 9), (7 , 9)

a. Representa la información en una tabla de doble entrada.

b. Construye la distribución marginal de la nota en la primera prueba y calcula su media y su desviación típica.

c. Elabora la distribución marginal de la nota en la segunda prueba y calcula su media y su desviación típica.

DEPENDENCIA ALEATORIA Y FUNCIONAL

23 ⊕ Dada la siguiente tabla de doble entrada:

X \ Y	10	11	12
1	1	0	2
2	2	0	1
3	2	1	1
4	1	2	1

Calcula:

a. Las frecuencias absolutas marginales y las frecuencias relativas marginales.

b. Las medias marginales.

c. Las desviaciones típicas marginales.

d. La covarianza de *X* e *Y*.

e. El coeficiente de correlación de Pearson.

EVALUACIÓN

24 A 40 estudiantes se les propone un test de cálculo (X) y otro de lógica (Y), en los que obtienen los siguientes pares de resultados, (X, Y):

(5 , 3), (5 , 3), (5 , 3), (5 , 4), (5 , 4), (5 , 5), (5 , 6), (5 , 6), (5 , 6), (5 , 7), (5 , 7), (5 , 7), (6 , 4), (6 , 4), (6 , 4), (6 , 5), (6 , 5), (6 , 5), (6 , 6), (6 , 6), (6 , 7), (6 , 8), (7 , 4), (7 , 4), (7 , 5), (7 , 5) (7 , 5), (7 , 5), (7 , 6), (7 , 6), (7 , 7), (8 , 5), (8 , 5), (8 , 6), (8 , 6), (8 , 7), (8 , 8), (8 , 8), (8 , 8), (8 , 9)

a. Representa los datos en un diagrama de dispersión.

b. Analiza gráficamente si puede existir alguna correlación entre los datos.

c. Construye la tabla bidimensional simple.

d. Halla las desviaciones típicas marginales de X e Y.

e. Determina la covarianza.

f. Calcula el coeficiente de correlación de Pearson.

g. Analiza el resultado obtenido.

25 Asocia en tu cuaderno cada coeficiente de correlación de Pearson con su nube de puntos r = −0,95 y r = 0,5.

a.
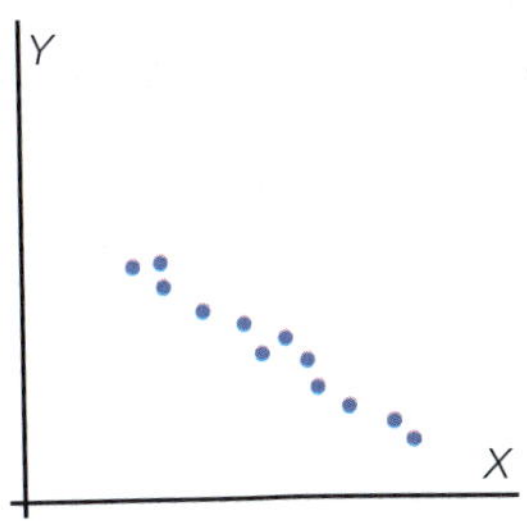

b.
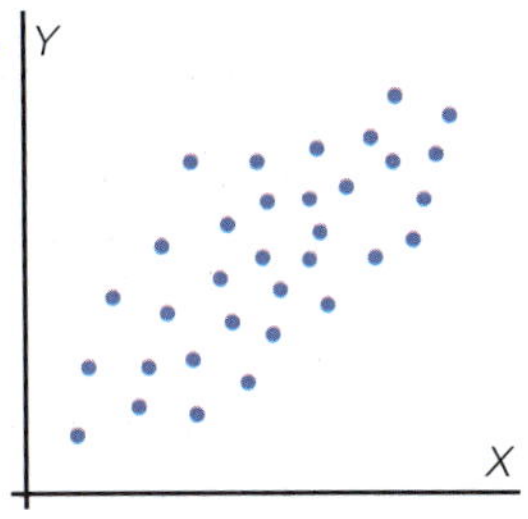

26 En una empresa que produce piezas eléctricas cuyo proceso de fabricación depende directamente de la manipulación de los operarios, se quiere estudiar la relación existente entre los años de antigüedad de dichos operarios y el número de piezas defectuosas elaboradas por ellos. Estos son los datos recogidos en los últimos seis meses:

Antigüedad (años)	1	2	3	4	5	6
Piezas defectuosas	4	3	3	2	3	1

a. Representa los datos en una nube de puntos y comprueba el resultado con Excel.

b. ¿Existe dependencia funcional entre ambas variables?

c. Calcula las desviaciones típicas de las distribuciones marginales.

d. Halla la covarianza y el coeficiente de correlación lineal. ¿Qué tipo de correlación se da entre las variables: positiva o negativa?

1 La siguiente tabla de frecuencias muestra los resultados de un estudio estadístico sobre el número de kilogramos de fruta que han consumido las familias de un barrio a lo largo del último mes:

x_i	0	1	2	3	4	5	6	7
n_i	3	8	10	13	14	18	17	17

Construye la tabla de frecuencias e indica cuáles de las siguientes afirmaciones son correctas:

a. La moda de la variable estadística es 18.

b. La mediana es 6.

c. La desviación típica es 2.

d. El coeficiente de variación es 20.

2 Considera el siguiente conjunto de datos: 2, 3, 4, 4, 5, 7, 7 y 9 e indica cuál de estas opciones es correcta:

a. $M_o = 4$, $M_e = 4{,}5$ y $Q_1 = 3{,}5$

b. $Q_1 = 3{,}5$, $Q_2 = 4{,}5$ y $Q_3 = 7$

c. $P_{50} = 4$, $Q_1 = 3$ y $Q_3 = 7$

d. $P_{25} = 3{,}5$, $Q_2 = 5$ y $P_{75} = 7$

3 La tabla de doble entrada de una distribución bidimensional es la siguiente:

X \ Y	1	2	Sumas
1	2	5	**7**
2	2	1	**3**
Sumas	**4**	**6**	**10**

Indica cuál de las siguientes afirmaciones es la correcta:

a. La media y la desviación típica de la distribución marginal X son $\overline{x} = 1{,}3$ y $\sigma_x = 3{,}87$.

b. La media y desviación típica de la distribución marginal Y son $\overline{y} = 1{,}6$ y $\sigma_y = 0{,}49$.

c. La covarianza es $\sigma_{xy} = -2$.

d. El coeficiente de correlación lineal es r = 0,14.

DIARIO DE APRENDIZAJE

¿Qué contenido me gustaría ampliar o estudiar con más profundidad?

08 Probabilidad

¿Qué tipo de dificultades preveo que puedo tener en esta unidad a la vista de los contenidos que se van a tratar?

Sentiros magos por un día, e imaginaros que en la chistera de la fotografía hay un conejo, una paloma y un hámster.

Debatid en grupo qué probabilidad tendríais de sacar una paloma de la chistera.

01 Sucesos. Operaciones con sucesos

Una bolsa contiene 20 bolas numeradas del 1 al 20. Se extrae una bola y se observa el número; ¿se podría predecir el resultado del experimento? Este experimento depende del azar y se denomina **experimento aleatorio.**

> Se dice que un experimento es **aleatorio** cuando no se puede predecir de antemano su resultado, es decir, cuando este depende del azar. Por el contrario, cuando es posible predecir su resultado sin necesidad de realizar el experimento, se dice que es **determinista.**

El conjunto de todos los resultados posibles de un experimento aleatorio es el **espacio muestral,** E, y suele expresarse con sus elementos encerrados entre llaves y separados por comas. Los elementos de un espacio muestral se denominan **sucesos elementales.**

El espacio muestral del experimento aleatorio anterior será, por tanto:

$$E = \{1, 2, 3, 4, 5, 6, 7, 8, 9, 10, 11, 12, 13, 14, 15, 16, 17, 18, 19, 20\}$$

En el experimento anterior se pueden considerar numerosos resultados, por ejemplo A = «sacar un número par» = {2, 4, 6, 8, 10, 12, 14, 16, 18, 20} o B = «sacar un número mayor que 16» {17, 18, 19, 20}.

> Un **suceso** de un experimento aleatorio es cada uno de los subconjuntos del espacio muestral determinado por dicho experimento.

01.1 Tipos de sucesos

Los sucesos que se pueden obtener al realizar un experimento aleatorio son:

- **Suceso elemental:** cada uno de los elementos del espacio muestral.
- **Suceso compuesto:** suceso formado por dos o más sucesos elementales.
- **Suceso imposible:** suceso que no puede suceder nunca. Es el que no tiene ningún elemento. Se designa mediante el símbolo del conjunto vacío (∅).
- **Suceso seguro:** suceso que se verifica siempre que se realice el experimento. Coincide con todo el espacio muestral.
- **Suceso contrario** o **complementario de A:** es el formado por todos los sucesos elementales del espacio muestral que no están en el suceso A. Se representa por $\bar{A}$ o con A^c.
- **Sucesos compatibles:** dos sucesos, A y B, son compatibles si tienen sucesos elementales en común, es decir, si pueden ocurrir a la vez.
- **Sucesos incompatibles:** dos sucesos, A y B, son incompatibles si no tienen sucesos elementales en común, es decir, si no se pueden verificar a la vez.

Observa

En el ejemplo de la bolsa con 20 bolas numeradas:

- Los sucesos A y B descritos son **sucesos compuestos.**
- Un **suceso imposible** es C = «sacar un número mayor que 25».
- Un **suceso seguro** es D = «sacar un número menor que 25».
- El **suceso contrario** al suceso A sería A^c = «no sacar un número par».
- Los sucesos A y B son **compatibles.**
- Los sucesos A y F = «sacar un número impar» son **sucesos incompatibles.**

01.2 Operaciones con sucesos

Dados dos sucesos, A y B, de un espacio muestral, se define el suceso **A unión con B, A ∪ B,** como el suceso formado por los elementos del suceso A junto con los elementos del suceso B. Es decir, el suceso A ∪ B se verifica cuando ocurre uno de los dos, A o B, o ambos a la vez.

Dados dos sucesos, A y B, de un espacio muestral, se define el suceso **A intersección con B, A ∩ B,** como el conjunto de sucesos elementales que están en A y en B al mismo tiempo. Es decir, el suceso A ∩ B se verifica cuando ocurren A y B a la vez.

ACTIVIDADES

1 Clasifica los siguientes experimentos en deterministas o aleatorios:

a. El resultado de la quiniela del próximo fin de semana.

b. Extraer una carta de una baraja española y observar cuál es.

c. Calcular la longitud de una circunferencia de 2 cm de radio.

d. Constatar el color de una bola extraída de una urna que contiene 100 bolas blancas.

ACTIVIDAD RESUELTA

2 Se considera el experimento aleatorio «lanzar un dado de 6 caras»:

a. Describe el espacio muestral y los sucesos A = «sacar un número mayor que 3» y B = «sacar un múltiplo de 3».

b. Calcula los sucesos A ∪ B, A ∩ B, $\overline{A}$, $\overline{B}$ y A ∪ $\overline{B}$.

a. E = {1, 2, 3, 4, 5, 6}

A = {4, 5, 6} y B = {3, 6}

b. A ∪ B = {3, 4, 5, 6} A ∩ B = {6}

$\overline{A}$ = {1, 2, 3} $\overline{B}$ = {1, 2, 4, 5}

A ∪ $\overline{B}$ = {1, 2, 4, 5, 6}

3 Se realiza el experimento aleatorio «lanzar un dado al aire» y se consideran los siguientes sucesos asociados: A = {1, 2, 3}, B = {4, 5, 6} y C = {2, 4, 6}. Calcula:

a. A ∪ B
b. A ∪ C
c. B ∪ C
d. A ∩ B
e. A ∩ C
f. B ∩ C
g. $\overline{A}$ ∪ $\overline{B}$
h. B ∩ $\overline{C}$
i. $\overline{B}$ ∪ $\overline{C}$

4 Determina el espacio muestral de los siguientes experimentos aleatorios:

a. Extraer una carta de una baraja española y observar el palo al que pertenece.

b. Elegir al azar un tema de una oposición cuyo temario está formado por 50 temas.

c. Lanzar un dodecaedro con sus caras numeradas y observar el número que sale.

5 En una bolsa hay 100 bolas numeradas del 1 al 100. Se extrae una bola al azar:

a. Determina el espacio muestral.

b. Averigua los sucesos elementales que forman los siguientes sucesos:

A = «extraer un múltiplo de 3»

B = «extraer un número mayor que 200»

C = «extraer un número menor o igual que 100»

c. ¿Son A y B sucesos compatibles?

d. Calcula A ∩ B, A ∪ B, A ∩ C y C ∩ D.

e. Halla los sucesos contrarios a A, B y C.

6 Se extrae una carta de una baraja española y se consideran los sucesos:

A = «sacar un oro»

B = «sacar un rey»

C = «no sacar un as».

a. Describe los sucesos A, B y C.

b. Halla A ∩ B, B ∪ C, $\overline{A}$ y A ∪ C.

02 Probabilidad en experimentos simples

En una bolsa se han mezclado semillas de garbanzos y de judías. Se considera el experimento aleatorio «sacar una semilla de la bolsa». El espacio muestral de este suceso es: E = {semilla de garbanzo, semilla de judía}

Se ha repetido el experimento 100 veces y se han obtenido los siguientes resultados:

N.º de semillas extraídas	20	40	60	80	100
N.º de semillas de judías	11	21	32	39	51
N.º de semillas de garbanzos	9	19	28	41	49

Los valores que aparecen en la segunda y tercera fila de la tabla son las frecuencias absolutas de los sucesos A = «sacar una semilla de judía» y B = «sacar una semilla de garbanzo».

La **frecuencia absoluta, n_i, de un suceso** A es el número de veces que se verifica dicho suceso al realizarse un experimento aleatorio.

La **frecuencia relativa, f_i, de un suceso** A es igual al cociente entre la frecuencia absoluta del suceso A y el número de veces que se realiza el experimento aleatorio, N:

$$f_i = \frac{f_a(A)}{\text{n.º veces que se repite el experimento}} = \frac{n_i}{N}$$

Así, en el experimento aleatorio anterior, las frecuencias relativas de los dos sucesos son:

N.º de semillas extraídas	20	40	60	80	100
Frecuencia relativa de A	0,55	0,53	0,53	0,49	0,51
Frecuencia relativa de B	0,45	0,47	0,47	0,51	0,49

Observa que las frecuencias relativas del suceso A tienden al número 0,5 y las frecuencias relativas del suceso B también.

Ley de los grandes números

Si un experimento aleatorio se realiza un número elevado de veces, N, la frecuencia relativa de cada suceso A tiende a estabilizarse en torno a un número que se llama probabilidad del suceso. Cuanto mayor sea N, más se parecerá la frecuencia relativa a la probabilidad:

$$f_i \approx P(A)$$

Se llama **probabilidad** de un suceso A al número al que tiende la frecuencia relativa asociada al suceso a medida que crece el número de veces que se realiza el experimento. Es lo que se conoce como **ley de los grandes números.**

ACTIVIDAD RESUELTA

Se lanza una moneda 50 veces y se obtienen 30 caras; a continuación, se vuelve a lanzar 100 veces y se obtienen 48 caras; se lanza, por último, 200 veces y salen 99 caras. Calcula la probabilidad de que salga cara al lanzar esa moneda.

La frecuencia de que salga cara en los 50 primeros lanzamientos es:

$$\frac{30}{50} = 0{,}6$$

La frecuencia de que salga cara en los 100 lanzamientos siguientes es:

$$\frac{48}{100} = 0{,}48$$

La frecuencia de que salga cara en los últimos 200 lanzamientos es:

$$\frac{99}{200} = 0{,}495$$

Como se puede observar, las frecuencias relativas tienden al valor 0,5, por lo que la probabilidad empírica de que salga cara es de 0,5:

P (sacar cara) = 0,5

Regla de Laplace

En el experimento aleatorio «lanzar una moneda», salvo que la moneda esté trucada, los sucesos «obtener cara» y «obtener cruz» tienen la misma probabilidad de suceder. Se dice entonces que son **sucesos equiprobables.**

Si los sucesos elementales de un experimento son equiprobables, la **probabilidad de un suceso A,** P (A), se puede obtener mediante la siguiente expresión conocida como la **regla de Laplace:**

$$P(A) = \frac{\text{n.º de casos favorables al suceso A}}{\text{n.º de casos posibles}}$$

En la regla de Laplace, el número de casos favorables al suceso A es el número de sucesos elementales incluidos en el suceso A, y el número de casos posibles, el número total de sucesos elementales del espacio muestral asociado al experimento.

Pierre-Simón Laplace (1749-1827). Su capacidad con las matemáticas le permitió ingresar como profesor en la Escuela Militar de París en 1767 y en la Academia de Ciencias en 1785, así como obtener la cátedra de matemáticas del Nuevo Instituto de Ciencias y Artes en 1795. Tuvo como alumno a Napoleón Bonaparte y fue el creador de la teoría de las probabilidades y de la regla que lleva su nombre.

ACTIVIDAD RESUELTA

En una urna hay 50 bolas numeradas del 1 al 50. Se extrae una bola al azar, se observa el número y se devuelve a la urna. Se consideran los sucesos A = «sacar un número mayor que 25», B = «sacar un número múltiplo de 5» y C = «sacar un número mayor que 50».

a. Calcula las probabilidades de los sucesos A, B y C.

b. Describe $A \cup B$, $A \cap B$ y calcula $P(A \cup B)$ y $P(A \cap B)$.

El espacio muestral del experimento es: E = {1, 2, …, 50}

Suponiendo que las 50 bolas tienen la misma probabilidad de salir, sus sucesos son equiprobables.

a. A = {26, 27, …, 50}; B = {5, 10, 15, 20, 25, 30, 35, 40, 45, 50}; C = ∅

$P(A) = \frac{25}{50} = \frac{1}{2}$; $P(B) = \frac{10}{50} = \frac{1}{5}$; $P(C) = 0$

b. $A \cup B$ = {5, 10, 15, 20, 25, 26, 27, …, 50}

$P(A \cup B) = \frac{30}{50} = \frac{3}{5} = 0{,}6$

$A \cap B$ = {30, 35, 40, 45, 50}

$P(A \cap B) = \frac{5}{50} = \frac{1}{10} = 0{,}1$

Esta regla permite conocer la probabilidad de un suceso antes de que suceda, por eso se denomina probabilidad *a priori*. Se obtiene un valor predictivo, pero es necesario que los sucesos elementales del experimento aleatorio sean equiprobables para poder aplicarla. Este tipo de experimentos se dice que son regulares.

Propiedades de la probabilidad

1. La probabilidad de un suceso A es un número comprendido entre 0 y 1, ambos inclusive:

$$0 \leq P(A) \leq 1$$

2. La probabilidad de un suceso imposible es 0: $P(\varnothing) = 0$
3. La probabilidad de un suceso seguro es 1: $P(E) = 1$
4. La probabilidad del suceso contrario a A es: $P(\bar{A}) = 1 - P(A)$
5. Si A es un suceso incluido en otro B, entonces: $P(A) \leq P(B)$
6. Si A y B son dos sucesos incompatibles: $P(A \cup B) = P(A) + P(B)$
7. Si A y B son dos sucesos compatibles: $P(A \cup B) = P(A) + P(B) - P(A \cap B)$

ACTIVIDADES

ACTIVIDAD RESUELTA

7 Si los sucesos A, B y C están asociados a un experimento aleatorio con:

$P(A) = 0{,}4 \quad P(B) = 0{,}3 \quad P(A \cup B) = 0{,}5 \quad P(C) = 1$

a. ¿Son A y B sucesos compatibles?

b. Calcula $P(\bar{A})$ y $P(A \cap B)$.

a. A y B son compatibles, ya que:

$P(A \cup B) \neq P(A) + P(B)$

b. $P(\bar{A}) = 1 - P(A) = 1 - 0{,}4 = 0{,}6$

$P(A \cap B) = P(A) + P(B) - P(A \cup B)$

Sustituyendo los datos:

$P(A \cap B) = 0{,}4 + 0{,}3 - 0{,}5 = 0{,}2$

8 Una urna contiene 8 bolas numeradas del 1 al 8. Se extrae al azar una bola y se consideran los siguientes sucesos: A = «sacar número par», B = «sacar múltiplo de 5» y C = «sacar múltiplo de 3».

a. Describe los elementos de cada suceso.

b. Determina P (A), P (B) y P (C).

c. Calcula $A \cap B$ y $P(A \cap B)$. ¿Cómo son A y B: compatibles o incompatibles?

d. Halla $A \cap C$ y $P(A \cap C)$ ¿Cómo son A y C: compatibles o incompatibles?

e. Deduce de los datos anteriores $P(A \cup B)$ y $P(A \cup C)$.

9 Al observar durante 8 días los 100 primeros vehículos que salen del túnel de Guadarrama en dirección Madrid y anotar el número de vehículos de la marca Mercedes, se obtiene el siguiente resultado:

Día	1.º	2.º	3.º	4.º	5.º	6.º	7.º	8.º
N.º de vehículos	7	9	7	8	9	9	8	8

a. Calcula la frecuencia relativa del número de vehículos de la marca Mercedes de cada día.

b. ¿Podrías determinar la probabilidad de este suceso?

c. Al día siguiente y desde el mismo lugar, ¿podría predecirse cuántos vehículos de los 50 primeros serían de la marca Mercedes?

10 Una bolsa tiene bolas de diferentes colores: verdes, rojas, azules y amarillas. Se extraen 50 bolas en 5 series. El número de bolas verdes y azules obtenidas en cada serie se recoge en la siguiente tabla:

Serie	1.ª	2.ª	3.ª	4.ª	5.ª
N.º de bolas verdes	6	6	5	4	5
N.º de bolas azules	17	19	21	19	20

a. Calcula la frecuencia relativa de los sucesos «sacar bola verde» y «sacar bola azul» en cada una de las series.

b. Determina la frecuencia relativa del suceso «sacar bola verde o bola azul» en cada una de las series.

c. Si se realiza otra serie más, ¿cuántas bolas verdes crees que saldrán? ¿Y azules?

ACTIVIDADES

11 Los sucesos A y B son incompatibles, con P (A) = 0,2 y P (B) = 0,5. Calcula:

a. $P(A \cap B)$
b. $P(A \cup B)$
c. $P(\bar{A})$
d. $P(\bar{B})$

12 Los sucesos A y B son compatibles, con P (A) = 0,25, P (B) = 0,55 y $P(A \cap B) = 0{,}2$. Calcula $P(A \cup B)$.

13 La probabilidad de que salga un número u otro al lanzar un dado 1 000 veces se recoge en la siguiente tabla:

Resultado	1	2	3	4	5	6
Probabilidad	0,16	0,16	0,17	0,17	0,17	0,17

Si se consideran los sucesos A = {1, 2}, B = {2, 3, 4} y C = {1, 5, 6}, calcula las probabilidades:

a. $P(A \cup B)$ **b.** $P(A \cup C)$ **c.** $P(B \cup C)$

14 El despertador de María se adelanta y se atrasa de forma impredecible. El último año sonó a la hora correcta 348 días, se retrasó un minuto en 15 ocasiones y se adelantó dos minutos en otras 2 ocasiones. Calcula la probabilidad de que:

a. Mañana suene a la hora correcta.
b. Mañana suene con un minuto de retraso.
c. Mañana suene con dos minutos de adelanto.

15 Se lanza una moneda al aire en secuencias de 100 y se anota el resultado en la siguiente tabla:

	100	200	300	400	500
Cara	41	78	118	161	200
Cruz	59	122	182	239	300

Si se realiza a continuación un lanzamiento:

a. ¿Cuál será la probabilidad de que salga cara? ¿Y de que salga cruz?
b. ¿Está la moneda trucada?

16 En un hospital con 500 pacientes, se sabe que la probabilidad de que uno de ellos sea dado de alta antes de una semana es de 0,2. Del total de pacientes, 200 son mujeres, y la probabilidad de que una mujer sea dada de alta antes de una semana es de 0,1. Si se elige un paciente al azar, calcula la probabilidad de que sea mujer o de que sea dada de alta antes de una semana.

17 Una clase de 3.º de la ESO está formada por 20 chicos y 12 chicas. Si se elige un alumno al azar, ¿cuál es la probabilidad de que sea un chico? ¿Y de que sea una chica?

18 De una baraja española se extrae una carta al azar. Calcula la probabilidad de los siguientes sucesos:

a. A = «sacar copas»
b. B = «sacar un as»
c. C = «sacar el as de copas»
d. D = «sacar un diamante»
e. E = «no sacar copas»
f. F = «sacar un caballo y un as»

19 Indica si es posible aplicar la regla de Laplace para calcular la probabilidad en los siguientes casos y, en caso afirmativo, calcúlala:

a. De una bolsa con 100 bolas numeradas del 1 al 100, calcula la probabilidad de obtener la bola con el 34 si las bolas acabadas en 0 tienen mas probabilidad de salir que el resto.
b. Averigua la probabilidad de que salga un 7 en el juego de la ruleta.
c. Calcula la probabilidad de obtener una bola roja al extraer una bola de una urna que contiene 4 bolas rojas, 4 bolas blancas y 2 bolas azules, sabiendo que todas ellas tienen la misma probabilidad de salir.

20 Se hace girar una ruleta con 25 compartimentos y se anota el número en el que se sitúa la bola. Calcula la probabilidad de los siguientes sucesos:

a. A = «sacar un número que no sea múltiplo de 5»
b. B = «sacar un número mayor que 25»
c. C = «sacar un número múltiplo de 2»
d. $B \cap C$
e. $A \cup C$

21 Sabiendo que un jugador de baloncesto habitualmente encesta el 85 % de los tiros libres que lanza, ¿cuál es la probabilidad de que no enceste un tiro libre?

22 Se ha realizado un control de calidad en una fábrica de bombillas y se ha concluido que de cada 1 000 bombillas 15 son defectuosas. Se elige una bombilla al azar: calcula la probabilidad de que no sea defectuosa.

03 Probabilidad en experimentos compuestos

Se lanzan al aire una moneda y un dado y se anota su resultado. Este experimento aleatorio está formado por dos experimentos aleatorios simples: lanzar un dado y lanzar una moneda, es por tanto, un experimento aleatorio **compuesto.**

Observa

Para construir un diagrama de árbol, se dibujan ramas que unan los sucesos elementales del primer experimento con los sucesos elementales de los experimentos siguientes.

Diagrama de árbol

Los diagramas de árbol son estructuras que sirven para organizar todos los sucesos elementales asociados a un experimento aleatorio compuesto.

ACTIVIDAD RESUELTA

Construye el diagrama de árbol del experimento compuesto que consiste en lanzar una moneda y un dado y calcula la probabilidad de que salga cara y un número par.

A partir del diagrama de árbol se deduce que el espacio muestral es:

E = {(C, 1), (C, 2), (C, 3), (C, 4), (C, 5), (C, 6), (X, 1), (X, 2), (X, 3), (X, 4), (X, 5), (X, 6)}

Como todos los sucesos elementales son equiprobables, A = «sacar cara y número par» = {(C, 2), (C, 4), (C, 6)}, por lo que se aplica la regla de Laplace y se obtiene:

$$P(A) = \frac{3}{12} = \frac{1}{4} = 0{,}25$$

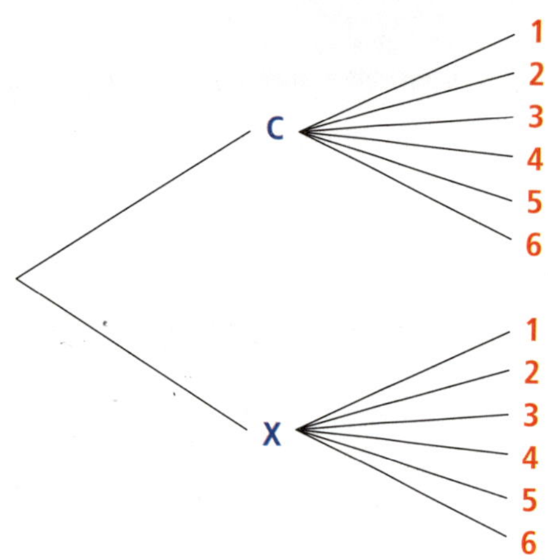

Tablas de doble entrada

Otra técnica es la construcción de las **tablas de doble entrada** que se utilizan para experimentos compuestos formados por dos experimentos simples. En la fila superior de la tabla se colocan los sucesos elementales del primer experimento y en la columna de la izquierda, los del segundo.

ACTIVIDAD RESUELTA

Halla la probabilidad de que, al lanzar dos dados, la suma de sus números sea 6.

Se construye la tabla de doble entrada asociada al experimento tal y como aparece al margen. Dentro de la tabla se incluye la suma de los resultados obtenidos en cada caso.

E = {(1, 1), (1, 2), (1, 3), (1, 4), (1, 5), (1, 6), (2, 1), (2, 2), (2, 3), (2, 4), (2, 5), (2, 6), (3, 1), (3, 2), (3, 3), (3, 4), (3, 5), (3, 6), (4, 1), (4, 2), (4, 3), (4, 4), (4, 5), (4, 6), (5, 1), (5, 2), (5, 3), (5, 4), (5, 5), (5, 6), (6, 1), (6, 2), (6, 3), (6, 4), (6, 5), (6, 6)}

El suceso A = «sacar dos dados cuya suma sea 6» está formado por 5 sucesos elementales (ver los sucesos coloreados en color naranja) y como los sucesos elementales son equiprobables se puede aplicar la regla de Laplace:

$$P(A) = \frac{5}{36} = 0{,}14$$

+	1	2	3	4	5	6
1	2	3	4	5	6	7
2	3	4	5	6	7	8
3	4	5	6	7	8	9
4	5	6	7	8	9	10
5	6	7	8	9	10	11
6	7	8	9	10	11	12

Tablas de contingencia

Cuando se desea calcular la probabilidad de dos variables combinadas, se usan las tablas de contingencia. Estas tablas recogen las probabilidades de cada variable.

ACTIVIDAD RESUELTA

Se ha hecho un estudio sobre la nacionalidad y el sexo de los ciudadanos de una localidad y se han obtenido los datos que se presentan en la siguiente tabla:

	Españoles	Franceses	Ingleses	Total
Hombres	300	150	150	600
Mujeres	200	150	50	400
Total	500	300	200	1 000

Se elige una persona de dicha localidad al azar. Calcula la probabilidad de los siguientes sucesos:

a. A = «seleccionar una persona española»

b. B = «seleccionar una mujer»

c. C = «seleccionar una persona francesa y varón»

d. D = «seleccionar una mujer francesa o inglesa»

e. E = «seleccionar una persona francesa o española»

f. F = «seleccionar una persona española y mujer»

La tabla anterior es una tabla de contingencia que organiza los datos de una población en torno a dos variables: nacionalidad y sexo.

a. Para calcular esta probabilidad, se considera la columna total de españoles que hay entre todos los ciudadanos; de este modo:

$$P(A) = \frac{500}{1\,000} = 0{,}5$$

b. Como hay 400 mujeres entre los ciudadanos:

$$P(B) = \frac{400}{1\,000} = 0{,}4$$

c. El número de varones franceses se puede consultar en la intersección de la columna franceses y la fila hombres, 150; luego:

$$P(C) = \frac{150}{1\,000} = 0{,}15$$

d. El número de mujeres francesas es 150, y el de mujeres inglesas, 50; por lo que:

$$P(D) = \frac{200}{1\,000} = 0{,}2$$

e. El número de franceses es 300, y el de españoles, 500; en consecuencia:

$$P(E) = \frac{800}{1\,000} = 0{,}8$$

f. El número de mujeres que son españolas se consulta en la intersección de la columna españoles y la fila mujeres; así:

$$P(F) = \frac{200}{1\,000} = 0{,}2$$

ACTIVIDADES

23 En un congreso internacional participan 127 médicos y psicólogos de España, Italia y Francia. Hay un total de 59 psicólogos. El número de médicos españoles es de 35 y el de médicos franceses de 19. Se sabe, además, que han asistido 55 españoles y 32 italianos. Si se elige un congresista al azar:

a. ¿Cuál es la probabilidad de que sea médico?

b. ¿Qué probabilidad hay de que un psicólogo sea italiano?

c. ¿Cuál es la probabilidad de que sea un médico español o francés?

24 Construye un diagrama de árbol para el experimento aleatorio consistente en lanzar tres monedas y calcula la probabilidad de obtener:

a. Tres caras.

b. Dos cruces y una cara.

c. Dos caras y una cruz.

25 Construye una tabla de doble entrada para el experimento aleatorio que consiste en lanzar dos monedas y contar el número de caras, y calcula la probabilidad de que:

a. El número de caras sea 2.

b. El número de caras sea 0.

c. El número de caras sea 1.

Experimentos compuestos independientes y dependientes

Si se lanzan dos dados distintos, uno de color rojo y otro de color azul, ambos con las caras numeradas del 1 al 6, el resultado que se obtiene en un dado no influye en el resultado que se obtiene con el otro: son **experimentos independientes.**

Cuando se realizan experimentos compuestos y el resultado de un experimento no influye en el resultado de los otros, se dice que los **experimentos son independientes.**

Supongamos ahora que se extraen dos bolas de una urna que contiene 3 bolas verdes y 2 bolas blancas. Si las extracciones se realizan **con reemplazamiento,** es decir, se extrae una bola, se observa su color, se introduce de nuevo en la urna y luego se vuelve a sacar otra bola, las extracciones son independientes; se trataría de dos experimentos independientes.

Por el contrario, si las extracciones se realizan **sin reemplazamiento,** la extracción de la segunda bola depende del resultado que hayamos obtenido en la primera; en este caso, **los experimentos son dependientes.**

ACTIVIDAD RESUELTA

En un recipiente con 3 bolas rojas y 2 bolas verdes se realizan dos extracciones y se observa su color.

a. Construye el diagrama de árbol e indica la situación de los recipientes en ambas extracciones cuando hay reemplazamiento y cuando no hay reemplazamiento.

b. Determina cuándo los experimentos son dependientes o independientes.

c. Calcula la probabilidad de que la primera bola sea roja y la segunda verde en el caso de que haya reemplazamiento.

a. Con remplazamiento:

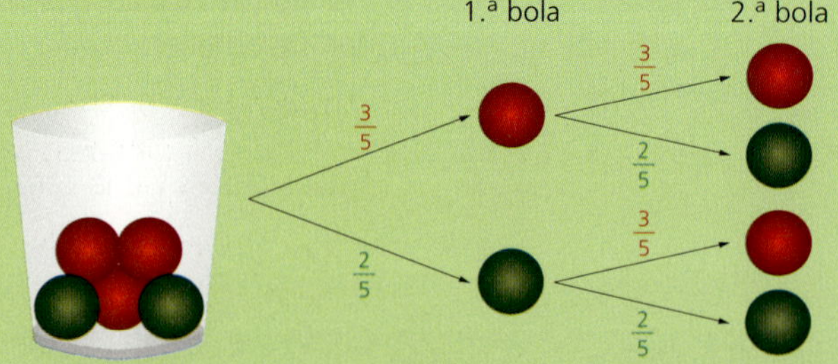

Sin remplazamiento:

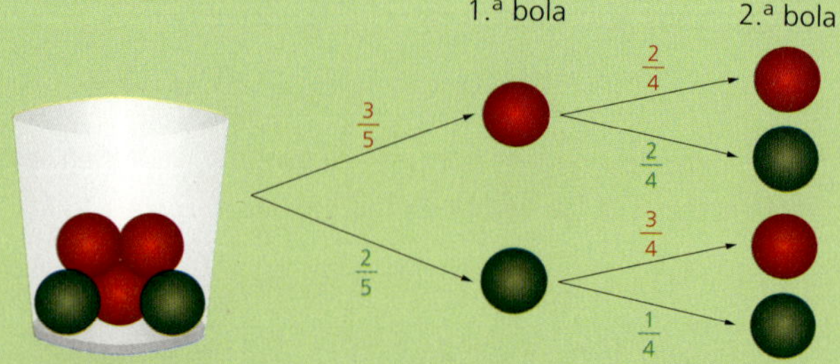

b. En el caso de las extracciones con reemplazamiento, los experimentos son independientes; en el de las extracciones sin reemplazamiento, los experimentos son dependientes.

c. La probabilidad de un experimento compuesto se obtiene multiplicando las probabilidades de cada una de las ramas del camino que lleva a ese resultado, lo que se conoce como la **regla del producto:**

$$P\,(\text{extraer } 1.^{a}\ R \text{ y } 2.^{a}\ V) = P\,(\text{extraer } 1.^{a}\ R) \cdot P\,(\text{extraer } 2.^{a}\ V) = \frac{3}{5} \cdot \frac{2}{5} = \frac{6}{25} = 0{,}24$$

ACTIVIDADES

ACTIVIDAD RESUELTA

26 Se lanzan dos dados: uno rojo (R) y otro azul (A).

a. Construye una tabla de doble entrada que represente el espacio muestral.

b. Enumera los experimentos simples que componen el experimento aleatorio y determina si son dependientes o independientes.

c. Calcula la probabilidad de que se obtenga un 5 en el dado rojo y un 6 en el dado azul.

d. Determina la probabilidad de que se obtenga un 1 en el dado rojo y un 1 en el dado azul.

e. Halla la probabilidad de que se obtenga un número par en el dado rojo y un número mayor que 3 en el azul.

a. La tabla de doble entrada que muestra el espacio muestral es la siguiente:

	1	2	3	4	5	6
1	(1, 1)	(1, 2)	(1, 3)	(1, 4)	(1, 5)	(1, 6)
2	(2, 1)	(2, 2)	(2 ,3)	(2, 4)	(2, 5)	(2, 6)
3	(3, 1)	(3, 2)	(3, 3)	(3, 4)	(3, 5)	(3, 6)
4	(4, 1)	(4, 2)	(4, 3)	(4, 4)	(4, 5)	(4, 6)
5	(5, 1)	(5, 2)	(5, 3)	(5, 4)	(5, 5)	(5, 6)
6	(6, 1)	(6, 2)	(6, 3)	(6, 4)	(6, 5)	(6, 6)

b. Experimento 1: lanzar el dado rojo.

Experimento 2: lanzar el dado azul.

Son experimentos independientes. El resultado que se obtenga al lanzar el dado rojo no influye en el resultado conseguido al lanzar el dado azul.

c. $P(5\text{ R y }6\text{ A}) = P(5\text{ R}) \cdot P(6\text{ A}) = \frac{1}{6} \cdot \frac{1}{6} = \frac{1}{36}$

d. $P(1\text{ R y }1\text{ A}) = P(1\text{ R}) \cdot P(1\text{ A}) = \frac{1}{6} \cdot \frac{1}{6} = \frac{1}{36}$

e. En la tabla de doble entrada se han coloreado en naranja los sucesos que cumplen las dos condiciones, número par en el dado rojo y número mayor que 3 en el azul, y entonces se tiene que:

$P(\text{n.º par R y n.º} > 3\text{ A}) = P(\text{n.º par R}) \cdot P(\text{n.º} > 3\text{ A}) =$

$= \frac{3}{6} \cdot \frac{3}{6} = \frac{9}{36} = \frac{1}{4}$

27 Se lanza una moneda y se extrae una bola de una bolsa que tiene 5 bolas blancas y 3 negras. ¿Son experimentos independientes? ¿Cuál es la probabilidad de que salga cara y la bola sea negra?

28 Se ha realizado una encuesta sobre la percepción de la violencia en los medios de comunicación. La información obtenida queda recogida en la siguiente tabla:

	Sí	No	No sabe/No contesta
Hombres	205	53	30
Mujeres	185	43	21

Se elige un encuestado al azar. Calcula la probabilidad de los siguientes sucesos:

a. Que haya dicho que sí.

b. Que haya dicho que no sabe o que no contesta.

c. Que sea hombre y haya dicho que no.

d. Que sea mujer.

29 En una bolsa hay 6 bolas blancas, 5 bolas azules, 3 bolas amarillas, 4 bolas verdes y 2 bolas negras. Se extrae una bola, se anota el color, se introduce en la bolsa y se vuelve a extraer una segunda bola. Calcula la probabilidad de que:

a. Las dos bolas hayan sido azules.

b. La primera bola sea blanca y la segunda, amarilla.

c. Se haya obtenido una bola azul y otra verde en cualquier orden.

30 El vestuario de Juan está formado por 2 pantalones vaqueros de color azul, 3 pantalones vaqueros de color marrón, 1 pantalón de color verde y 1 pantalón de color *beige*. Además, tiene 3 camisas blancas, 2 camisas azules, 1 camisa de color rojo y 2 camisas verdes. Se considera el experimento que consiste en elegir al azar un pantalón y una camisa.

a. Construye un diagrama en árbol en el que se muestren las posibles indumentarias de Juan atendiendo únicamente al color de los pantalones y de las camisas.

b. ¿Se trata de un experimento compuesto? Enumera los experimentos simples y determina si son dependientes o independientes.

c. Calcula la probabilidad de que haya sacado un pantalón vaquero azul y una camisa roja.

04 Probabilidad condicionada

En los experimentos compuestos dependientes, un experimento depende del resultado del experimento anterior; por lo tanto, su probabilidad está condicionada al resultado de sucesos anteriores.

Sean A y B dos sucesos; se llama **probabilidad de A condicionada a B, P (A/B)**, a la probabilidad de que tenga lugar el suceso A si previamente ha sucedido el suceso B y se calcula mediante la expresión:

$$P(A/B) = \frac{P(A \cap B)}{P(B)};\ P(B) \neq 0$$

De la definición de probabilidad condicionada se deduce la siguiente expresión:

$$P(A \cap B) = P(B) \cdot P(A/B)$$

ACTIVIDAD RESUELTA

En una clase hay 12 chicos y 14 chicas. De los 12 chicos, 8 tienen ordenador en casa, y de las 14 chicas lo tienen 9. Se elige un estudiante al azar. Construye una tabla de contingencia y contesta a las siguientes preguntas:

a. ¿Cuál es la probabilidad de que el estudiante elegido no tenga ordenador?

b. ¿Y la probabilidad de que lo tenga?

c. ¿Cuál es la probabilidad de que tenga ordenador sabiendo que es chico?

d. ¿Cuál es la probabilidad de que sea chica sabiendo que no tiene ordenador?

Se construye la tabla de contingencia que resume los datos del problema:

	Con ordenador	Sin ordenador	Total
Chicos	8	4	12
Chicas	9	5	14
Total	17	9	26

a. $P(\text{sin ordenador}) = \frac{9}{26}$

b. $P(\text{con ordenador}) = 1 - P(\text{sin ordenador}) = 1 - \frac{9}{26} = \frac{17}{26}$

c. $P(\text{con ordenador/chico}) = \frac{P(\text{con ordenador y chico})}{P(\text{chico})} = \frac{\frac{8}{26}}{\frac{12}{26}} = \frac{8}{12} = \frac{2}{3}$

d. $P(\text{chica sin ordenador}) = \frac{P(\text{chica y sin ordenador})}{P(\text{sin ordenador})} = \frac{\frac{5}{26}}{\frac{9}{26}} = \frac{5}{9}$

ACTIVIDADES

ACTIVIDAD RESUELTA

31 En un recipiente hay 6 bolas rojas y 4 bolas azules. Se extraen dos bolas sin remplazamiento y se anota el color:

a. ¿Son los experimentos dependientes o independientes?

b. Construye el diagrama de árbol de este experimento aleatorio.

c. ¿Cuál es la probabilidad de que las dos bolas sean rojas?

d. ¿Cuál es la probabilidad de que la primera bola sea roja y la segunda bola sea azul?

a. Los experimentos son dependientes, pues la extracción de la segunda bola depende de lo que se haga en la primera extracción, al no haber reemplazamiento.

b.

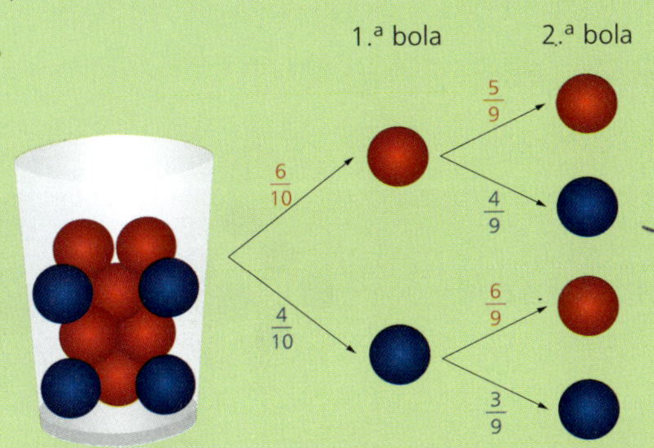

c. El segundo suceso en ambos casos depende del resultado del suceso inicial, por lo que su probabilidad está condicionada:

$$P\,(1.^a\ R\ y\ 2.^a\ R) = P\,(1.^a\ R) \cdot P\,(2.^a\ R/1.^a\ R)$$

Teniendo en cuenta la situación de la urna antes de la primera extracción y aplicando la regla de Laplace, se tiene:

$$P\,(1.^a\ R) = \frac{6}{10}$$

Si se extrae una bola roja en la urna quedan 5 bolas rojas y 4 azules; luego:

$$P\,(2.^a\ R/1.^a\ R) = \frac{5}{9}$$

Por tanto:

$$P\,(1.^a\ R\ y\ 2.^a\ R) = P\,(1.^a\ R) \cdot P\,(2.^a\ R/1.^a\ R) =$$
$$= \frac{6}{10} \cdot \frac{5}{9} = \frac{30}{90} = \frac{1}{3}$$

d. $P\,(1.^o\ R\ y\ 2.^o A) = P\,(1.^o\ R) \cdot P\,(2.^o A/1.^o\ R) =$

$$= \frac{6}{10} \cdot \frac{4}{9} = \frac{24}{90} = \frac{4}{15}$$

32 Se tienen dos urnas llenas de bolas de colores. En la primera urna hay 3 bolas blancas y 7 negras, y en la segunda, 7 bolas blancas y 3 negras. Se lanza una moneda al aire: si sale cara, se extrae una bola de la primera urna, y si sale cruz, la bola se extrae de la segunda urna. Construye el diagrama de árbol del experimento aleatorio.

a. Determina la probabilidad de obtener cara y blanca.

b. Calcula la probabilidad de obtener cruz y blanca.

c. Halla la probabilidad de obtener cara y negra.

d. Calcula la probabilidad de obtener cruz y negra.

33 Se extraen dos cartas de una baraja española sin reemplazamiento. Calcula las siguientes probabilidades:

a. Que la primera sea un as, y la segunda, un caballo.

b. Que la primera sea el as de oros, y la segunda, un as.

c. Que la primera sea de bastos, y la segunda, de copas.

34 Se extraen 3 cartas de una baraja española, una tras otra y sin reemplazamiento.

a. ¿Cuál es la probabilidad de que las tres cartas sean de copas?

b. ¿Cuál es la probabilidad de que la primera sea de oros y las otras dos sean de copas?

35 Una bolsa tiene 50 bolas numeradas del 1 al 50. Se extraen dos bolas al azar. ¿Cuál es la probabilidad de obtener en las dos bolas un número múltiplo de 5? ¿Cuál es la probabilidad de obtener un número acabado en 5 en la primera bola y un número par en la segunda?

a. Sin reemplazamiento. **b.** Con reemplazamiento.

36 El número de alumnos, padres y profesores que han acudido a la fiesta de fin de curso de dos colegios, A y B, se muestra en la siguiente tabla:

	Alumnos	Padres	Profesores
Colegio A	260	100	30
Colegio B	140	80	20

Se elige una persona al azar. Calcula la probabilidad de:

a. Que sea padre.

b. Que pertenezca al colegio A sabiendo que es alumno.

c. Que sea padre sabiendo que pertenece al colegio B.

d. Que sea profesor sabiendo que pertenece al colegio A.

05 Sucesos dependientes e independientes

Cuando entre dos sucesos no existe ninguna relación, la probabilidad de que ocurra uno de los dos sucesos no afecta a la probabilidad de que ocurra el otro. De este modo, se incorporan los conceptos de independencia y dependencia de sucesos:

Sucesos independientes

Si dos sucesos, A y B, son **independientes,** entonces P (A) = P (A/B) o P (B) = P (B/A), por tanto se verifica que:

$$P(A \cap B) = P(A) \cdot P(B)$$

Sucesos dependientes

Si dos sucesos, A y B, son **dependientes,** entonces P (A) ≠ P (A/B) o P (B) ≠ P (B/A), por tanto se verifica que:

$$P(A \cap B) = P(A) \cdot P(B/A) \text{ o}$$
$$P(A \cap B) = P(B) \cdot P(A/B)$$

Observa

No se deben confundir los sucesos independientes con los sucesos incompatibles:

- Los **sucesos independientes** verifican que:

$$P(A \cap B) = P(A) \cdot P(B)$$

- Los **sucesos incompatibles** verifican que:

$$A \cap B = \varnothing \Rightarrow P(A \cap B) = 0$$

ACTIVIDAD RESUELTA

Se lanzan dos dados diferentes y se anota la suma de sus resultados.

a. Construye la tabla de doble entrada con los resultados posibles del espacio muestral.

b. Se considera el suceso A = «obtener 4 sumando sus caras superiores». ¿Cuál es la probabilidad de A?

c. Se considera el suceso B = «obtener un 2 en la cara superior de alguno de los dos dados». ¿Cuál es la probabilidad de B?

d. Describe literalmente el suceso A ∩ B y calcula su probabilidad.

e. ¿Son los sucesos A y B incompatibles?

f. ¿Son los sucesos A y B independientes?

a. La tabla de doble entrada en la que se recogen los resultados posibles es:

+	1	2	3	4	5	6
1	(1, 1) 2	(1, 2) 3	(1, 3) 4	(1, 4) 5	(1, 5) 6	(1, 6) 7
2	(2, 1) 3	(2, 2) 4	(2 ,3) 5	(2, 4) 6	(2, 5) 7	(2, 6) 8
3	(3, 1) 4	(3, 2) 5	(3, 3) 6	(3, 4) 7	(3, 5) 8	(3, 6) 9
4	(4, 1) 5	(4, 2) 6	(4, 3) 7	(4, 4) 8	(4, 5) 9	(4, 6) 10
5	(5, 1) 6	(5, 2) 7	(5, 3) 8	(5, 4) 9	(5, 5) 10	(5, 6) 11
6	(6, 1) 7	(6, 2) 8	(6, 3) 9	(6, 4) 10	(6, 5) 11	(6, 6) 12

b. A = {(1, 3), (2, 2), (3, 1)}

$$P(A) = \frac{3}{36} = \frac{1}{12}$$

c. B = {(1, 2), (2, 1), (2, 2), (2, 3), (2, 4), (2, 5), (2, 6), (3, 2), (4, 2), (5, 2), (6, 2)}

$$P(B) = \frac{11}{36}$$

d. A ∩ B = «obtener un 2 en la cara superior de alguno de los dos dados y obtener 4 sumando sus caras superiores» ⇒ A ∩ B = {(2, 2)}

$$P(A \cap B) = \frac{1}{36}$$

e. A y B no son incompatibles, ya que: $A \cap B \neq \varnothing$

f. $P(A \cap B) = \frac{1}{36}$; $P(A) \cdot P(B) = \frac{1}{12} \cdot \frac{11}{36} = \frac{11}{432}$

$P(A \cap B) \neq P(A) \cdot P(B) \Rightarrow$ A y B no son sucesos independientes; son sucesos dependientes.

ACTIVIDADES

ACTIVIDAD RESUELTA

37 Se ha realizado un análisis de sangre a 1 000 personas y se han anotado el grupo sanguíneo y el factor Rh en la siguiente tabla:

	Grupo A	Grupo B	Grupo AB	Grupo 0	Total
Rh+	250	150	40	260	700
Rh–	150	50	60	40	300
Total	400	200	100	300	1 000

Si se elige una persona al azar entre las 1 000 personas:

a. Calcula la probabilidad de los sucesos: A = «elegir persona con grupo A», B = «elegir persona con Rh–», A ∩ B = «elegir persona con grupo A y Rh–» y A/B = «elegir persona con grupo A sabiendo que tiene Rh–».

b. ¿Son los sucesos A y B dependientes o independientes? Razona la respuesta.

Esta actividad es un ejemplo de situación en la que hay una gran variedad de sucesos dependientes e independientes y, por tanto, es útil elaborar una tabla de contingencia.

a. $P(A) = \frac{400}{1\,000} = 0{,}4$ $\quad P(B) = \frac{300}{1\,000} = 0{,}3$

$P(A \cap B) = \frac{150}{1\,000} = 0{,}15$

$P(A/B) = \frac{150}{300} = 0{,}5$

b. A y B son dependientes, ya que:

$P(A) \cdot P(B) = 0{,}12 \neq P(A \cap B) = 0{,}15$

38 Se ha estudiado el color de los ojos de una población de adolescentes en la que hay 200 chicos y 300 chicas. Hay 30 chicos y 70 chicas con los ojos azules, 50 chicos y 60 chicas con los ojos verdes y el resto con los ojos negros.

Construye una tabla de contingencia que describa este estudio.

Dados los sucesos A = «tener los ojos azules», B = «ser chica» y C = «tener los ojos negros», determina si son dependientes o independientes:

a. Los sucesos A y B calculando P (A/B) y P (B/A).

b. Los sucesos A y C calculando P (A/C) y P (C/A).

39 Un producto se somete a tres controles de calidad. La probabilidad de pasar dichos controles es de 0,99, 0,98 y 0,95, respectivamente. Suponiendo que los resultados de las pruebas de control son independientes:

a. ¿Cuál es la probabilidad de que un nuevo artículo pase los dos primeros controles?

b. Calcula la probabilidad de que un nuevo artículo no pase el primer control y sí los dos siguientes.

40 Se extraen dos cartas de una baraja española y se consideran los siguientes sucesos:

A = «sacar un oro en la primera extracción»

B = «sacar un as en la segunda extracción»

a. Calcula la probabilidad de los sucesos A y B cuando existe reemplazamiento y determina si son sucesos dependientes o independientes.

b. Determina la probabilidad de los sucesos A y B cuando no existe reemplazamiento y determina si son sucesos dependientes o independientes.

41 Se introducen todas las fichas de un juego de dominó en una bolsa y se elige una al azar.

a. Construye una tabla de doble entrada con los casos posibles de todas las fichas de dominó e indica en ella la suma de sus puntuaciones.

b. Calcula las probabilidades de los siguientes sucesos:

A = «elegir una ficha cuyas puntuaciones sumen 6»

B = «elegir una ficha que tenga un 1 en alguno de los lados»

C = «elegir una ficha cuyas puntuaciones sumen un múltiplo de 3»

A ∩ B = « elegir una ficha cuyas puntuaciones sumen 6 y que tenga un 1 en alguno de los lados»

A ∩ C = « elegir una ficha cuyas puntuaciones sumen 6 y también un múltiplo de 3»

c. ¿Son los sucesos A y B dependientes o independientes? Razona la respuesta.

d. ¿Son los sucesos A y C dependientes o independientes? Razona la respuesta.

42 La probabilidad de que un alumno apruebe Inglés es de 0,6 y la probabilidad de que apruebe Matemáticas es de 0,4. ¿Cuál es la probabilidad de que apruebe las dos?

HERRAMIENTAS TECNOLÓGICAS

Probabilidad con Excel

Para simular experimentos aleatorios, una de las posibilidades más importantes que ofrecen programas como Excel es precisamente la generación de números aleatorios.

Números aleatorios

La función que permite generar números reales aleatorios entre 0 y 1 es la función **ALEATORIO()**.

Así, si se quiere generar 10 números reales aleatorios entre 0 y 1, se escribe, por ejemplo en la celda B5, la expresión **=ALEATORIO()**. Se copia esta fórmula en las 9 celdas inferiores arrastrando el controlador de relleno hasta la fila 14. (A)

Si se desea generar una secuencia de 10 números reales aleatorios entre 0 y n, se utiliza la función **n*ALEATORIO()**.

Por ejemplo, para generar 10 números reales aleatorios entre 0 y 10, se escribe en la celda D5 la expresión **=10*ALEATORIO()**. De nuevo se arrastra el controlador hasta la fila 14 y se copia, así, la fórmula en las 9 celdas inferiores. (B)

Cada vez que se escriba una expresión en una de las celdas, se generará una nueva secuencia de números aleatorios.

Para simular una secuencia de 10 números enteros aleatorios entre 0 y n, se puede utilizar la función **ENTERO(n+1*ALEATORIO())**.

Por ejemplo, con objeto de generar 10 números enteros aleatorios entre 0 y 49, se escribe en la celda F5 la expresión **=ENTERO(50*ALEATORIO())** y se copia la fórmula en las 9 celdas inferiores arrastrando el controlador hasta la fila 14. (C)

Observa que, si se quiere simular una nueva lista de números, basta con pulsar la tecla de función F9.

Utilizando estas funciones, es fácil simular experimentos aleatorios cuyos resultados sean numéricos.

A

	A	B
1		
2		Diez nº aleatorios
3		entre 0 y 1:
4		
5		0,85244858
6		0,92717339
7		0,3095978
8		0,7390678
9		0,63794926
10		0,17273263
11		0,98126827
12		0,57815155
13		0,89723705
14		0,64772193

B

	A	B	C	D
1				
2		Diez nº aleatorios		Diez nº aleatorios
3		entre 0 y 1:		entre 0 y 10:
4				
5		0,85244858		0,45231635
6		0,92717339		8,68435092
7		0,3095978		8,12221808
8		0,7390678		0,48780136
9		0,63794926		6,58393585
10		0,17273263		1,50832789
11		0,98126827		3,94541941
12		0,57815155		8,10093886
13		0,89723705		9,36302286
14		0,64772193		8,8348871

C

F	G
Diez nº enteros aleatorios	
entre 0 y 50	
11	
38	
27	
21	
17	
37	
9	
38	
43	
49	

PRACTICA TÚ

1. Utiliza Excel para simular un experimento consistente en extraer una bola de una bolsa que contiene 100 bolas numeradas del 0 al 99.

2. Genera 50 números reales aleatorios entre 0 y 40 varias veces y cuenta el número de veces que aparece el 1. Genera ahora 100 números reales aleatorios entre 0 y 40 varias veces y cuenta el número de veces que aparece el 1. ¿Existe alguna relación en los resultados?

3. Utiliza Excel para simular el lanzamiento de un dado 100 veces y, a partir de los resultados obtenidos, calcula:
   a. La frecuencia relativa del suceso «sacar un 1».
   b. La frecuencia relativa del suceso «sacar un 2».

4. Vuelve a simular en otras 2 ocasiones el lanzamiento del dado 100 veces y calcula nuevamente las frecuencias relativas anteriores. ¿Puedes deducir cuál es la probabilidad de que salga un 1? ¿Y de que salga un 2?

APRENDO A APRENDER

Copia en tu cuaderno este mapa conceptual, complétalo y responde a las cuestiones que aparecen a continuación:

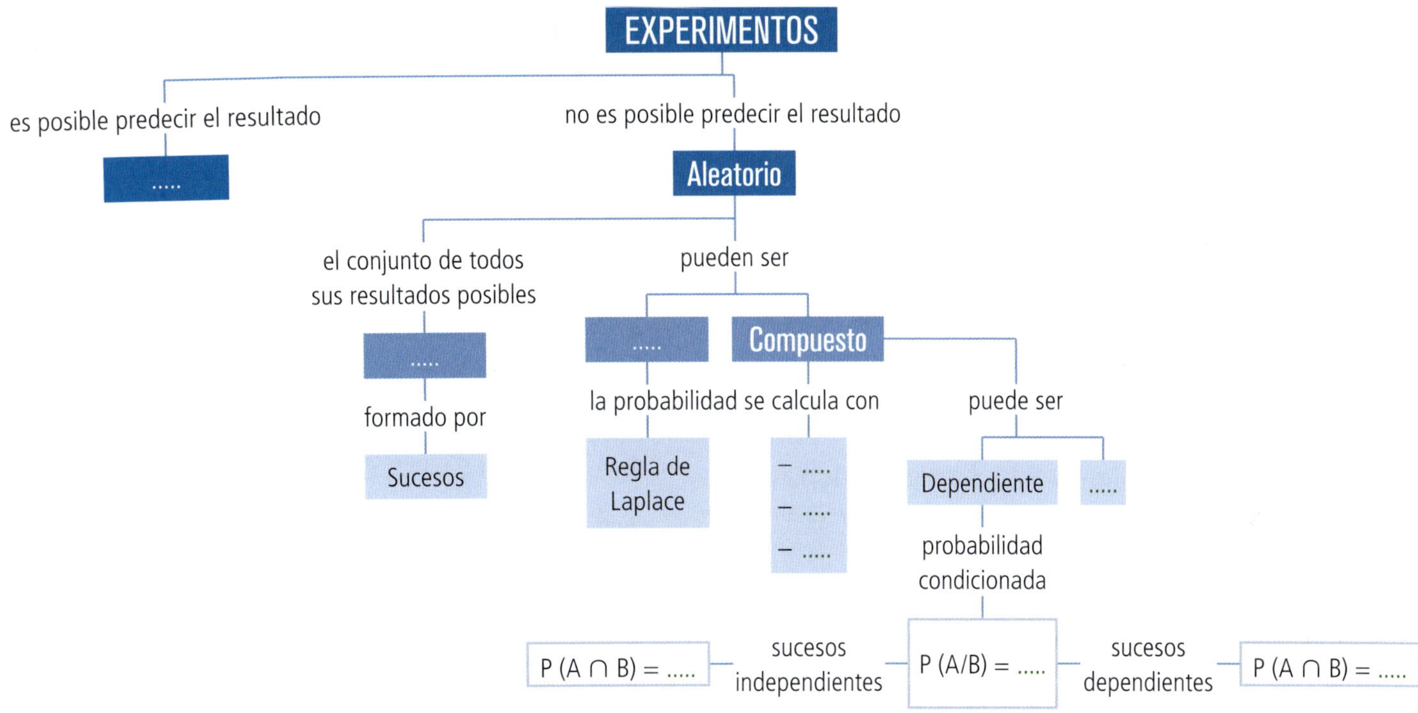

ACTIVIDADES

1 ¿Indica, razonando la respuesta, si las siguientes afirmaciones son verdaderas o falsas:

a. Si se anota el sexo de las personas que ingresan de urgencia en un hospital, se está realizando un experimento determinista.

b. Jugar un boleto a la quiniela es un experimento aleatorio.

c. En un experimento aleatorio se puede predecir de antemano el resultado.

d. Cuando no es posible que un suceso ocurra en un experimento aleatorio, se trata de un suceso imposible.

e. Si se lanza un dado y se observa el resultado, el suceso «salir un número menor que nueve» es un suceso seguro.

f. Si, al realizar un elevado número de veces un experimento, la frecuencia relativa de un suceso se aproxima al valor 0,5, entonces se puede asegurar que la probabilidad de dicho suceso es 0,5.

g. Al lanzar una moneda al aire, los sucesos A = «salir cara» y B = «salir cruz» son sucesos compatibles.

h. Si los sucesos elementales de un experimento aleatorio no son equiprobables, entonces se puede usar la regla de Laplace.

i. La probabilidad de un suceso imposible es 1.

j. La probabilidad de un suceso puede ser 5.

k. La probabilidad de un suceso es un número comprendido entre 0 y 1 y es más probable cuanto más cercano a 1 se encuentre.

l. Si dos sucesos son independientes, entonces se verifica que: $P(A \cap B) = P(A) \cdot P(B)$

m. Si B es un suceso cuyo resultado depende del suceso A, entonces se dice que B está condicionado a A.

n. Si $P(A/B) = P(A)$, entonces los sucesos A y B son independientes.

ñ. En general: $P(A \cap B) = P(A) \cdot P(B/A)$

o. Si A y B son incompatibles, entonces se verifica que:

$$P(A \cup B) = P(A) + P(B)$$

REPASO FINAL

SUCESOS. OPERACIONES CON SUCESOS

1 Entre los siguientes experimentos indica cuáles son aleatorios y cuáles deterministas:

a. Intentar encestar en una canasta de baloncesto desde 10 m.

b. Extraer una bola de una bolsa que contiene 100 bolas azules y observar el color.

c. Pulsar en la calculadora las teclas 5, *, 3, = y observar el resultado.

d. Seleccionar el tema que entrará en el examen final de Historia de entre los 15 del temario.

ACTIVIDAD RESUELTA

2 En una urna hay 2 bolas blancas, 3 amarillas, 4 rojas, 8 negras y 1 azul. Se extrae una bola de la urna y se observa su color:

a. Escribe el espacio muestral y sus sucesos elementales.

b. Describe los siguientes sucesos:

A = «extraer una bola blanca o roja»

B = «extraer una bola que no sea negra»

c. Calcula $\overline{A \cap B}$ y $\overline{A} \cup \overline{B}$.

a. Se trata de un experimento aleatorio cuyo resultado es el color de la bola extraída. El espacio muestral es:

E = {blanca, amarilla, roja, azul y negra}

Los sucesos elementales son: «blanca», «amarilla», «roja», «azul» y «negra»

b. A = {blanca, roja}

B = {blanca, amarilla, roja, azul}

c. $A \cap B$ = {blanca, roja} $\Rightarrow$ $\overline{A \cap B}$ = {amarilla, azul, negra}

$\overline{A}$ = {amarilla, azul, negra} y $\overline{B}$ = {negra} $\Rightarrow$ $\overline{A} \cup \overline{B}$ = = {amarilla, azul, negra}

3 Para los experimentos aleatorios de la actividad 1, determina el espacio muestral.

4 Se considera el experimento aleatorio consistente en extraer una bola de una bolsa que contiene 4 bolas blancas, 3 bolas rojas, 2 bolas amarillas y 1 bola azul y se considera el suceso A = «extraer una bola roja o amarilla». Describe:

a. Un suceso imposible y otro seguro.

b. Dos sucesos que sean compatibles.

c. Dos sucesos que sean incompatibles.

d. El suceso contrario al suceso A.

5 ⊕ Sean los sucesos A = {1, 3, 5, 7}, B = {1, 2} y C = {2, 4, 6}. Si el espacio muestral es E = {1, 2, 3, 4, 5, 6, 7, 8}, calcula:

a. $A \cup B$, $A \cup C$ y $B \cup C$

b. $A \cap B$, $A \cap C$ y $B \cap C$

c. $\overline{A}$, $\overline{B}$ y $\overline{C}$

d. $\overline{A} \cup B$, $A \cap \overline{C}$ y $B \cap \overline{C}$

e. $\overline{A \cup B}$, $\overline{A} \cap \overline{B}$, $\overline{A \cap B}$, $\overline{A} \cup \overline{B}$

6 De una bolsa que contiene 40 bolas numeradas del 1 al 40 se extrae una bola al azar y se observa el número que marca. Se consideran los siguientes sucesos:

A = «extraer un número par»

B = «extraer un número múltiplo de 5»

C = «extraer un número múltiplo de 11»

D = «extraer un número múltiplo de 3»

a. Enumera los sucesos elementales de los que constan cada uno de los sucesos A, B, C y D.

b. Calcula $A \cup B$, $(A \cap B) \cup C$, $\overline{A} \cap C$, $A \cup (C \cap D)$, $B \cap C \cap D$ y $B \cap \overline{B}$.

7 ⊕ Se extrae una ficha de dominó de una bolsa y se consideran los sucesos: A = «sacar un blanco»; B = «sacar una ficha doble» y C = «sacar una ficha con las dos puntuaciones menores que 5»

a. Describe los sucesos anteriores.

b. Calcula y describe los sucesos $A \cup B$, $A \cap B$, $B \cup C$ y $\overline{A} \cap \overline{B}$.

c. Determina si los sucesos A y B y los sucesos B y C son compatibles o incompatibles.

d. Describe un suceso que sea imposible y otro que sea seguro.

PROBABILIDAD EN EXPERIMENTOS SIMPLES

8 Una ruleta pentagonal tiene cada uno de sus cinco sectores de un color: rojo, blanco, amarillo, azul y verde. Se hace girar la ruleta 100 veces y se obtienen los siguientes resultados:

Color	Rojo	Blanco	Amarillo	Azul	Verde
Frecuencia	21	22	18	19	20

Considera los siguientes sucesos:

A = «sacar color rojo o blanco»

B = «no sacar color azul»

C = «sacar un color que no sea ni verde ni rojo»

a. Determina el espacio muestral de este experimento y calcula las frecuencias relativas de cada suceso elemental. ¿Cuánto suman todas las frecuencias relativas?

b. Halla la frecuencia relativa de los sucesos A, B y C.

c. Calcula la frecuencia relativa del suceso $\overline{A}$.

d. Determina cuánto sumarán las frecuencias de los sucesos A y $\overline{A}$.

9 María tiene un dado cúbico y lo ha lanzado primero en 50 ocasiones, anotando el número de veces que salía un 1; en una segunda tanda ha repetido el experimento 100 veces, y finalmente lo ha vuelto a realizar con 1 000 lanzamientos. Ha anotado los resultados en la siguiente tabla:

N.º de lanzamientos	50	100	1 000
N.º de veces que sale un 1	7	16	161

Calcula la frecuencia relativa de las tres experiencias y determina cuál puede ser la probabilidad de obtener un 1 con el lanzamiento del dado.

10 Al realizar un control de calidad en una fábrica de artículos de iluminación, se han seleccionado al azar bloques de 50 bombillas y se ha anotado cuántas eran defectuosas. Los resultados han sido los siguientes:

N.º de bombillas	50	100	150	200	250	300
N.º de bombillas defectuosas	2	2	4	5	5	6

¿Podrías determinar la probabilidad de que, elegida una bombilla al azar, sea defectuosa?

11 ⊕ Sean A y B dos sucesos de un experimento aleatorio tales que $P(A) = 0{,}45$; $P(B) = 0{,}75$ y $P(A \cup B) = 0{,}88$.

a. Calcula la probabilidad del suceso $A \cap B$ y determina si los sucesos son compatibles.

b. Halla la probabilidad de $\overline{A}$ y de $\overline{A \cup B}$.

12 Una urna tiene 4 bolas azules, 5 bolas rojas, 3 bolas blancas y 8 bolas verdes. Se extrae una bola al azar; calcula la probabilidad de los siguientes sucesos:

a. Sacar una bola azul.

b. No sacar una bola verde.

c. Sacar una bola blanca o azul.

d. Sacar una bola azul o roja.

13 Un libro de 525 páginas se abre por una página al azar. Calcula la probabilidad de que la página:

a. Sea la 324 o la 325.

b. Sea una página par.

c. Sea una página anterior a la 186.

14 ⊕ En un congreso se reúnen 50 matemáticos y 50 físicos de tres nacionalidades: entre ellos, hay 10 matemáticos ingleses, 15 matemáticos alemanes, 12 físicos alemanes y 20 físicos españoles. Construye una tabla de contingencia completando los datos que faltan. Si se selecciona un científico al azar; calcula la probabilidad de que:

a. Sea un físico inglés.

b. Sea un matemático español.

c. Sea un físico español.

d. Sea alemán.

e. Sea inglés o español.

PROBABILIDAD EN EXPERIMENTOS COMPUESTOS

15 Una urna contiene 6 bolas blancas y 4 bolas negras. Se extraen dos bolas de la urna con devolución.

a. Elabora el diagrama de árbol del experimento aleatorio.

b. Calcula la probabilidad de que salga la primera blanca y la segunda negra.

c. Halla la probabilidad de que salgan dos bolas negras.

d. Determina la probabilidad de que salga al menos una bola blanca.

REPASO FINAL

16 Se lanzan una moneda y un dado dodecaédrico con sus caras numeradas del 1 al 12.

a. Construye una tabla de doble entrada en la que se describa el espacio muestral.

b. Halla la probabilidad de que salga cara y un número par.

c. Determina la probabilidad de que salga cruz y un número múltiplo de 3.

d. Calcula la probabilidad de obtener en el dado un número múltiplo de 4.

17 Se tienen dos barajas españolas y se extrae una carta de cada una. Calcula las siguientes probabilidades:

a. Sacar un as de la primera baraja y un rey de la segunda.

b. Sacar dos oros.

18 ⊕ Determina la probabilidad de que, al lanzar tres dados:

a. Salga solo un uno.

b. No salga ningún seis.

c. Salgan dos cincos.

d. Salgan tres cincos.

e. No salga ningún cinco.

f. Salga al menos un seis.

19 Los alumnos y alumnas de un centro educativo están distribuidos por cursos de la siguiente forma:

	1.º ESO	2.º ESO	3.º ESO	4.º ESO
Alumnos	55	45	40	25
Alumnas	65	55	40	35

Se selecciona un alumno al azar. Calcula las siguientes probabilidades:

a. Elegir un alumno de 3.º de ESO.

b. Elegir una alumna de 1.º o 2.º de ESO.

c. Elegir un alumno o alumna de 4.º de ESO.

d. Elegir un alumno o alumna de 1.º de ESO o 3.º de ESO.

20 ⊕ Se extraen tres bolas con reemplazamiento de una urna que contiene 6 bolas rojas, 5 bolas blancas y 4 bolas azules. Calcula la probabilidad de los siguientes sucesos:

a. Sacar 2 bolas rojas.

b. Sacar 3 bolas azules.

c. Sacar 2 bolas blancas y una azul.

d. Sacar al menos 2 bolas azules.

e. No sacar ninguna bola roja.

PROBABILIDAD CONDICIONADA

21 En un bingo se sacan del bombo bolas numeradas del 00 al 99. Se extraen sucesivamente sin reemplazamiento.

a. Calcula la probabilidad de que salga primero la bola numerada con el 05 y luego con el 15.

b. ¿Cuál es la probabilidad de que salgan las bolas en este orden: 07, 12, 17, 21 y 35?

c. ¿Cuál es la probabilidad de que salga en la primera bola un número menor que 10 y en la segunda un número mayor que 30? ¿Y de que primero salga una bola con un número mayor que 30 y después una bola menor que 10?

22 Una caja contiene 30 caramelos de menta, 15 caramelos de naranja y 10 caramelos de limón. Se extraen 2 caramelos al azar sin devolución.

a. Construye el diagrama de árbol del experimento.

b. Halla la probabilidad de que el primer caramelo sea de naranja y el segundo de limón.

c. Determina la probabilidad de que los dos caramelos sean de menta.

d. Calcula la probabilidad de que el primero no sea de limón y el segundo tampoco.

23 Las nacionalidades y el sexo de los habitantes de un pequeño barrio de la periferia de Madrid se recogen en la siguiente tabla:

	Español	Ecuatoriano	Marroquí
Hombre	125	80	45
Mujer	250	40	34

Se elige una persona al azar. Calcula las probabilidades de que:

a. Sea español.

b. Sea hombre.

c. Sea español y hombre.

d. Sea español sabiendo que es hombre.

e. Sea hombre sabiendo que es español.

f. Sea mujer ecuatoriana o mujer marroquí.

g. Sea ecuatoriano sabiendo que es mujer.

h. Sea marroquí sabiendo que es mujer.

EVALUACIÓN

24 Una urna, A, tiene 5 bolas blancas y 5 negras; otra urna, B, tiene 6 bolas blancas y 3 negras, y una tercera urna, C, tiene 3 bolas blancas y 2 negras. Se lanza un dado de 6 caras y, si el resultado es 1, se extrae una bola de la urna A; si el resultado es 2 o 3, se saca una bola de la urna B, y, si el resultado es 4 o 5 o 6, la bola se extrae de la urna C.

a. Halla la probabilidad de obtener un 1 y bola blanca.

b. Calcula es la probabilidad de obtener 2 o 3 y bola blanca.

c. ¿Cuál es la probabilidad de obtener 4 o 5 o 6 y bola negra?

SUCESOS DEPENDIENTES E INDEPENDIENTES

25 Un jugador de baloncesto dispone de tres tiros libres para encestar. Si su porcentaje de acierto es del 65 %:

a. ¿Cuál es la probabilidad de que acierte los dos primeros lanzamientos?

b. ¿Cuál es la probabilidad de que falle el primer lanzamiento y acierte los otros dos?

26 Se extraen 2 bolas de una urna que contiene 10 bolas blancas, 5 bolas negras y 8 bolas azules. Se consideran los siguientes sucesos:

A = «sacar una bola blanca en la primera extracción»

B = «sacar una bola negra en la segunda extracción»

a. Calcula la probabilidad de los sucesos A y B cuando existe reemplazamiento y determina si son dependientes o independientes.

b. Halla la probabilidad de los sucesos A y B cuando no existe reemplazamiento y determina si son dependientes o independientes.

27 Dentro de una bolsa se encuentran las letras de las palabras AMISTAD y EMPATÍA (nota: se consideran las letras I e Í la misma). Se extraen dos letras de la bolsa sin remplazamiento.

a. Describe el espacio muestral del experimento.

b. Calcula las probabilidades de los siguientes sucesos:

A = «la primera letra es una A»

B = «la segunda letra es una M»

C = «la segunda letra es una A»

c. ¿Son los sucesos A y B dependientes o independientes? Y los sucesos A y C, ¿son dependientes o independientes? Razona las respuestas. ¿Son los sucesos A y C dependientes o independientes? Razona la respuesta.

1 Se introducen en una bolsa las letras que forman la palabra PROBABILIDAD. Se extrae una letra al azar y se consideran los sucesos A = «sacar la letra P», B = «sacar una vocal» y C = «sacar una consonante». Indica cuál de estos enunciados es falso:

a. El espacio muestral del experimento es:

$$E = \{P, R, O, B, A, B, I, L, I, D, A, D\}$$

b. $A \cup B = \{P, A, I, O\}$

c. $P(A) = \frac{1}{12}$

d. $P(A \cap C) = \frac{1}{12}$

2 Se dispone de una baraja española y una urna con 15 bolas: 5 rojas, 6 azules y 4 amarillas. Se extrae una carta de la baraja y una bola de la urna. Indica cuál de estas afirmaciones es verdadera:

a. Los experimentos consistentes en extraer una carta y extraer una bola de la urna son dependientes.

b. La probabilidad de extraer un as y una bola azul es $\frac{1}{4}$.

c. La probabilidad de extraer el caballo de oros y una bola roja es $\frac{1}{12}$.

d. La probabilidad de no extraer un basto y no extraer una bola amarilla es $\frac{1}{20}$.

3 Se lanza un dado tetraédrico con sus caras numeradas del 1 al 4. Si sale un número múltiplo de 3, se extrae una bola de una urna que contiene cuatro bolas, cada una con una letra de la palabra LOCO, y, si no es múltiplo de 3, se extrae una bola de una urna que contiene tres bolas con las letras de la palabra COL. Indica cuál de estas afirmaciones es falsa:

a. El experimento extraer una bola de una urna es dependiente del experimento lanzar un dado.

b. P (ser múltiplo de 3 y letra O) $= \frac{1}{6}$

c. P (no ser múltiplo de 3 y letra O) $= \frac{1}{6}$

d. P (letra C/múltiplo de 3) $= \frac{1}{3}$

DIARIO DE APRENDIZAJE

¿Cuáles de las dificultades que preveía al principio de la unidad he encontrado realmente?

Flippeando las funciones

TRABAJO COOPERATIVO

EN CASA

A continuación, presentamos un vídeo que tendrás que trabajar en casa, como preparación a las tareas que realizaremos conjuntamente en clase. Es preciso que le dediques tiempo y que trates de interiorizar todo lo que en él se explica.

1 Visualización de los vídeos

Busca en YouTube el vídeo *Transformaciones consecutivas de gráficas de funciones* (https://www.youtube.com/watch?v=SDqcaRicxdM) y observa y escucha con atención lo que se explica. Es conveniente que tengas tu cuaderno al lado para ir anotando todas las dudas que te puedan surgir.

2 Actividad *EdPuzzle*

Responde de manera razonada a las preguntas que se plantean a través de la herramienta *EdPuzzle*. Tu profesor te indicará cómo hacerlo.

3 Plantillas

Preparad varias cuadrículas para representar funciones.

EN CLASE

Las sesiones de clase están orientadas a practicar los contenidos que has ido aprendiendo con tu trabajo en casa.

1 Puesta en común de las actividades *EdPuzzle*

Comenzaremos resolviendo las dudas que os hayan surgido al ver el vídeo bien en los equipos habituales de trabajo o de manera general.

Continuaremos resolviendo las actividades de la herramienta *EdPuzzle* y analizando las dificultades surgidas en la resolución. No te quedes con ninguna duda y pregunta todo aquello que no entiendas.

2 Cuestionario *Kahoot!*

Ahora vamos a realizar una actividad *Kahoot!* sobre los tipos de funciones. Son cuestiones sencillas, de respuesta rápida. Busca en tu dispositivo móvil la dirección https://kahoot.it/#/ y tu profesor te indicará cómo seguir.

3 Actividades de desarrollo

Con las plantillas que habéis traído realizaremos un concurso relacionado con las funciones elementales y sus transformaciones. Cada equipo representará una función e indicará al resto de los equipos la transformación que debe realizar. Comprobaremos las soluciones con GeoGebra.

PBL. Jugando con la probabilidad

TRABAJO COOPERATIVO

A continuación os presentamos el enunciado de un problema que plantea una situación que debéis resolver en grupo. Después de leerlo, se os indicará con qué recursos contáis y cómo debéis presentar el producto final.

Una asociación de vecinos está organizando una ruta por España para sus socios. Con objeto de probar suerte y poder conseguir un dinero extra para el viaje, han pensado jugar todas las semanas, durante los próximos tres meses, la cantidad de 20 € en alguno de los juegos de azar que organiza la Sociedad de Loterías y Apuestas del Estado. La oferta es de lo más variada: la lotería nacional, lotería primitiva, ONCE, euromillón, quinielas, quinigol, lotortuf… Entre los socios no hay acuerdo sobre cuál de las diferentes opciones es la que ofrece una mayor probabilidad de acierto. Por ello nos piden ayuda.

¿Podríais presentarle algún estudio que les permita aclarar sus dudas?

¿Qué propuesta les ofreceríais vosotros para invertir esos 20 € semanales?

Nota: Los juegos de apuestas no están permitidos a menores de 18 años y se debe participar en ellos con responsabilidad.

Evalúa tu **talento emprendedor**

Te proponemos que realices esta autoevaluación teniendo en cuenta el trabajo que has realizado en el desarrollo de alguna de las propuestas de esta sección o de alguna otra propuesta de trabajo realizada a lo largo de este trimestre. ¿Dónde te sitúas tú?

AUTOEVALUACIÓN

	NIVEL MAESTRO	NIVEL AVANZADO	NIVEL APRENDIZ	NIVEL INICIAL
1. Utilizas varias herramientas y habilidades de creación y te interesas por aprender a crear más y mejor.	He utilizado con eficacia distintas herramientas de creación en esta actividad y estoy interesado en seguir aprendiendo más.	He utilizado herramientas de creación en esta actividad, y creo que con más práctica puedo llegar a desarrollar muchas cosas.	Necesito ampliar mi repertorio de herramientas y habilidades de creación, ya que mi rendimiento ha sido medio-bajo.	Apenas he sabido utilizar herramientas de creación en esta actividad y, en general, he tenido poco interés por mejorar en este aspecto.
2. Te gusta participar en actividades colectivas o de equipo para inventar, proponer ideas o crear productos diversos.	He disfrutado participando en todas las actividades colectivas de equipo, inventando, proponiendo ideas o creando productos diversos.	He disfrutado participando en algunas actividades colectivas de equipo, inventando, proponiendo ideas o creando productos diversos.	En general me cuesta participar en actividades colectivas de equipo inventando, proponiendo ideas o creando productos diversos.	Prefiero trabajar de modo individual a participar en actividades colectivas de equipo, inventando, proponiendo ideas o creando productos diversos.

Las siguientes actividades proceden de preguntas liberadas de distintas convocatorias de pruebas PISA, o bien son estímulos semejantes a los empleados en dichas pruebas. Emplea todos tus conocimientos y todas tus habilidades para resolverlas.

FRENADO

La distancia aproximada para detener un vehículo en movimiento es la suma de:

- La distancia recorrida durante el tiempo que transcurre desde que el conductor detecta la necesidad de frenar hasta que comienza a hacerlo (distancia de tiempo de reacción)
- La distancia recorrida mientras se frena (distancia de frenado).

El siguiente diagrama de caracol muestra la distancia teórica de parada para un vehículo cuando las condiciones para frenar son buenas (un conductor concentrado, frenos y neumáticos en perfectas condiciones, una carretera seca y con un buen firme) y cómo depende esta distancia de la velocidad.

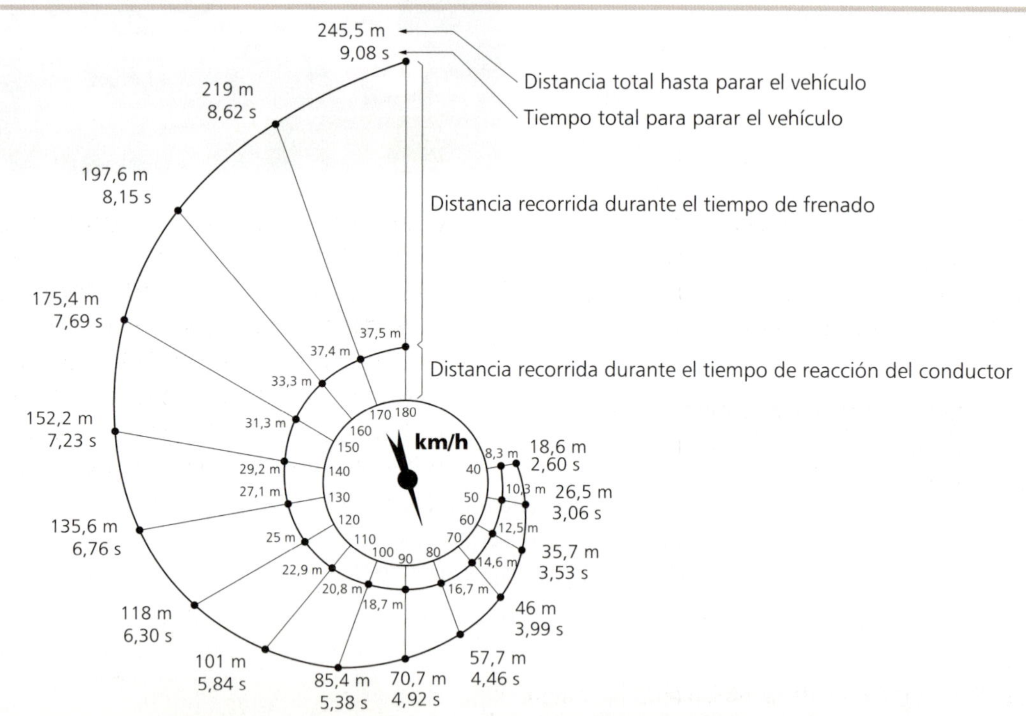

PREGUNTAS

1 Si un vehículo circula a 110 km/h, ¿qué distancia recorres durante el tiempo de reacción del conductor?

2 Si un vehículo circula a 110 km/h, ¿qué distancia total recorre antes de detenerse?

3 Si un vehículo circula a 110 km/h, ¿cuánto tiempo requiere detenerlo completamente?

4 Si un vehículo circula a 110 km/h ¿qué distancia recorre mientras se está frenando?

5 Un segundo conductor, circulando en buenas condiciones, recorre en total 70,7 metros hasta detener su vehículo. ¿A qué velocidad circulaba el vehículo antes de que comenzara a frenar?

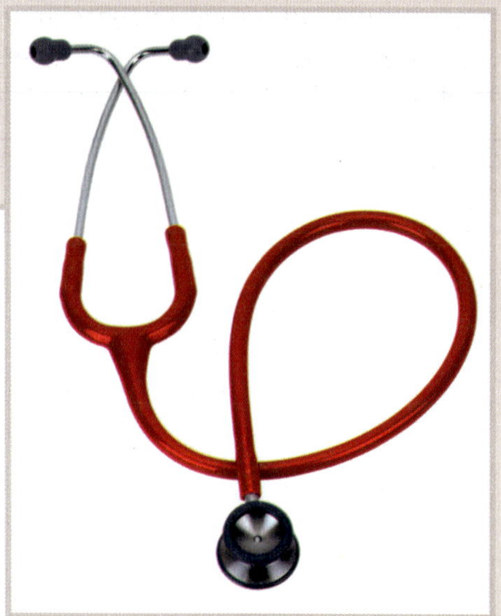

LATIDOS DEL CORAZÓN

Por razones de salud la gente debería limitar sus esfuerzos, por ejemplo al hacer deporte, para no superar una determinada frecuencia cardiaca. Durante años la relación entre la máxima frecuencia cardiaca recomendada para una persona y su edad se describía mediante la fórmula siguiente:

$$\text{Máxima frecuencia cardiaca recomendada} = 220 - \text{edad}$$

Investigaciones recientes han demostrado que esta fórmula debería modificarse ligeramente. La nueva fórmula es la siguiente:

$$\text{Máxima frecuencia cardiaca recomendada} = 208 - (0{,}7 \times \text{edad})$$

PREGUNTAS

1 Un artículo de periódico afirma: «El resultado de usar la nueva fórmula en lugar de la antigua es que el máximo número recomendado de latidos cardíacos por minuto disminuye ligeramente para los jóvenes y aumenta ligeramente para los mayores».

¿A partir de qué edad aumenta la máxima frecuencia cardiaca recomendada como resultado de introducir la nueva fórmula? Muestra tus cálculos.

2 La fórmula para la máxima frecuencia cardiaca recomendada se aplica también para determinar cuándo es más eficaz el ejercicio físico. Las investigaciones han demostrado que el entrenamiento físico es más eficaz cuando la frecuencia cardiaca alcanza el 80 % del valor máximo recomendado. Escribe una fórmula para hallar, en función de la edad, la frecuencia cardiaca recomendada para que el ejercicio físico sea más efectivo.

FERIA

En un juego de una caseta de feria se utiliza en primer lugar una ruleta. Si la ruleta se para en un número par, entonces el jugador puede sacar una canica de una bolsa. La ruleta y las canicas de la bolsa se representan en los dibujos siguientes.

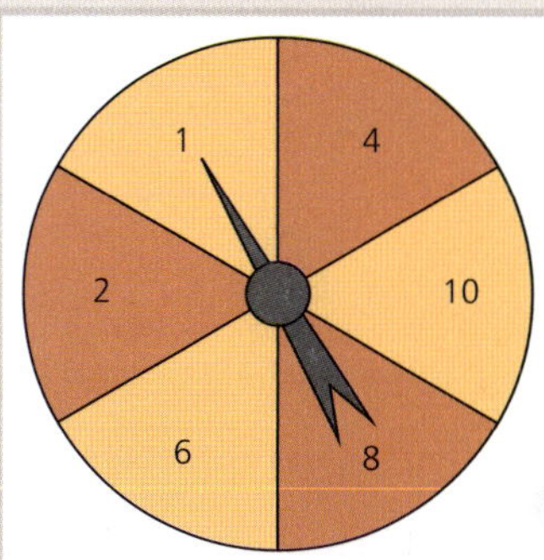

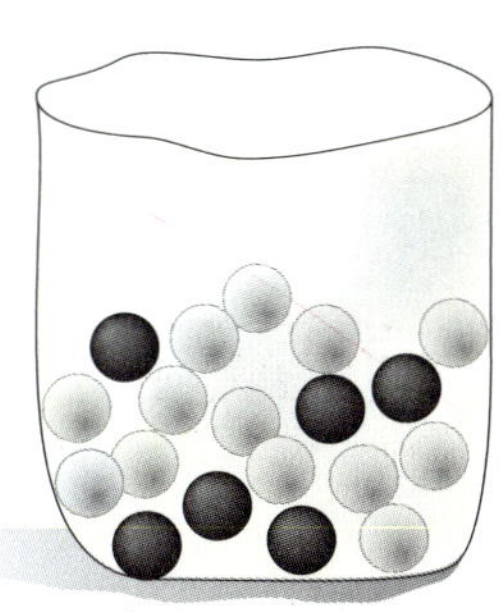

PREGUNTAS

1 Cuando se saca una canica negra se gana un premio. ¿Cómo es de probable ganar un premio?

a. Es imposible. **b.** No es muy probable. **c.** Es muy probable. **d.** Es seguro.

somos # link